Reisebriefe

aus

Russisch Central-Asien

von

Dr. Max Friederichsen.

Separatabdruck aus „Mittheilungen der Geographischen Gesellschaft in Hamburg, Band XVIII 1902".

HAMBURG:
L. Friederichsen & Co.
(Inhaber Dr. L. Friederichsen).
1902.

Reisebriefe aus Russisch Central-Asien.

Von Dr. **Max Friederichsen.***)

Poststation Merke (Gouvernement Semirjetschensk),
24. Mai 1902.

Meine Reise ist bisher programmmässig verlaufen. Nachdem ich noch am 3. Mai der Monats-Sitzung der Gesellschaft für Erdkunde in Berlin beigewohnt und dort von meinen Freunden und Bekannten Abschied genommen hatte, reiste ich am selbigen Abend um 11 Uhr mit dem Schnellzuge nach Warschau. Früh 7 Uhr des 4. Mai erreichte ich die russische Grenze in Alexandrowo, wo die Gepäckrevision mit Hülfe meines officiellen Empfehlungsschreibens äusserst koulant gehandhabt wurde, wenn ich es auch nur mit Mühe verhindern konnte, dass man mir kurzer Hand den Sack meines Zeltes mit dem Messer auftrennte. Der betreffende Zollbeamte, dem das Aufbinden des Sackes zu langweilig schien, hatte anscheinend nicht gemerkt, dass man auch ohne diese einschneidende Operation zum Ziele kommen könnte. Nach zweistündiger Pause war die gesammte Revision des im Zuge befindlichen Gepäcks erledigt und um 9 Uhr fuhr der Zug weiter nach Warschau. Im Coupé sass ich mit einem gut deutsch sprechenden Warschauer Fabrikdirektor zusammen, welcher mir im Laufe der Unterhaltung ein jenseits der Grenze gekauftes Berliner Tageblatt reichte, welches von der russischen Censur arg beschnitten worden war. Grosse Theile des politischen Inhalts, welche sich auf aktuelle russische Angelegenheiten bezogen, besonders auf die Studenten-Unruhen, waren herausgeschnitten. Wie sehr unter der Pression der russischen Jugend auch die ältere Generation zu leiden hat, ging mir klar aus den Klagen und Erzählungen dieses Reisegefährten hervor.

Wenn ich auch bereits aus dem Jahre 1897 die Route Alexandrowo-Warschau kannte, so fielen mir doch diesmal wieder ganz besonders peinlich die abscheulich hässlichen und schmutzigen Gestalten der die Bahnhöfe bevölkernden Juden auf. Sie sind wahrlich die reine Karrikatur auf die Gattung Mensch!

---

*) Verfasser ist als Geograph und Geologe an einer von der Universität Tomsk ausgesandten und im April a. c. von dort unter Leitung des Botanikers Prof. W. W. Saposchnikow aufgebrochenen wissenschaftlichen Expedition zur weiteren Erforschung des Tiën-schan (Himmelsgebirge) betheiligt.

In Warschau angekommen galt es, möglichst schnell zum Terespoler-Bahnhof hinüberzukommen. Gottlob hielt der klapperige Iswoschtschik, den ich zur Ueberführung meines umfangreichen Gepäcks engagirte, die 10 Pud Last aus, wenn er auch ächzte, stöhnte und in allen Fugen krachte.

Auf dem Terespoler Bahnhof nahm ich ein direktes Billet nach Baku und expedirte mein Gepäck ebenfalls direkt von dort zu den Ufern des Kaspi-Sees. Im Wartesaal sah es vor Abgang des nach dem grossen Wallfahrtsort Kiew fahrenden Zuges echt russisch-polnisch aus. Dichtgedrängt standen und sassen die Passagiere neben oder auf ihrem Gepäck, welch' letzteres bei reisenden Russen infolge der mitgenommenen Bettwäsche und Fourage niemals an Umfang und Zahl der einzelnen Stücke zu wünschen übrig lässt. Eine alte, anscheinend auf der Pilgerfahrt nach Kiew befindliche Frau trugen 2 Gepäckträger auf einem mächtigen Armsessel daher. Möge der Glaube an den Nutzen der Wallfahrt sie von ihrem thatsächlichen oder eingebildeten Leiden befreit haben!

Um 4 Uhr fuhr der gut und geräumig eingerichtete Schnellzug ab. Im Coupé sassen mit mir 2 deutschsprechende Juden, die ihren Geschäften nachgingen und von denen der eine sich durch ziemlich ungehobeltes Benehmen gegen Buffetkellner und ähnliche niedergestellte Leute unangenehm auszeichnete. Die Nacht verlief normal, da das Coupé und die aufklappbaren Liegeplätze, wie bei allen guten russischen Eisenbahnzügen geräumig und bequem waren.

Am Montag, den 5. Mai, morgens 11 Uhr kam ich in Kiew an. Da ich bis 6 Uhr 35 Minuten abends Zeit hatte, beschloss ich selbstverständlich, mir Kiew genauer anzusehen. Ich werde es nie bereuen, denn die sogenannte „Mutter der Städte Russlands" ist zweifellos eine der charakteristischsten und interessantesten Städte, welche ich im Zarenreich gesehen habe. Alt, „heilig", originell! Die Stadt liegt zum grössten Theile auf der Höhe des hier wohl 80 Meter steil abstürzenden Dnjepr-Ufers und bietet, besonders vom Fluss und der ihn überspannenden mächtigen Eisenbahnbrücke aus, einen ungemein malerischen Anblick, dabei echt russisch durch die Unzahl der blauen, grünen, rothen und vergoldeten Kirchen- und Kloster-Kuppeln. Ein Theil der Stadt, welcher „Podol" heisst, liegt auf einer niedrigen, sandigen Anschwemmung, nicht viel höher, als das Flussniveau und nicht viel oberhalb der grossen Truchanow-Insel, welche der hier vor Kiew sich in mehrere Arme theilende Dnjepr umspült. Zur Zeit war der Strom noch von den Frühlingsregen stark angeschwollen und die grössere Hälfte der Truchanow-Insel noch unter

Wasser, sodass das gesammte Flussbild ein meerartig erweitertes und imposantes war. Der Bahnhof der Stadt liegt, wie meist bei russischen Städten, kilometerweit vom Centrum der Stadt entfernt und wird mit letzterer durch eine elektrische Bahn verbunden. Nach Durchfahrung einiger unbedeutender Strassenzüge fährt diese direkt auf den Hauptstrassenzug zu: auf den „Kretschtschatik", der Schlag- und Pulsader Kiews mit dem echt russischen Treiben, mit den zahllosen kleinen Iswoschtschiks, ihren wattierten Kutschern und flinken Pferden, mit den grell und roh bemalten Namen- und Firmenschildern! Besonders oft wird man auf diesem „Kreschtschatik" angebettelt, da zerlumptes und verarmtes Pilgervolk aus allen Theilen des weiten russischen Reiches hierher als Pilger zusammenfluthen. In keiner Stadt Russlands ist mir der gewaltige Gegensatz zwischen Arm und Reich so sichtbarlich vor die Augen getreten, wie hier in Kiew. Es konnte wirklich vorkommen, dass man vor der Armuth, dem starrenden Schmutz und der Zerlumptheit eines solchen Mushiks wahrhaft erschrak. Aber schnell siegte das Interesse an einer solchen Figur über den anfänglichen Ekel, und bald fand ich die Lumpen so malerisch, wie Lumpen nun einmal immer sind.

Nachdem ich einen Spaziergang am Dnjepr-Ufer gemacht hatte, stieg ich von dieser Seite zum hohen Bergufer die steilen, von Regen schlüpfrigen Lehmwände hinan und stand nun vor dem weltberühmten National-Heiligthum Russlands, der „Lawra" Kiews. Diese Lawra stellt eine um eine Kirche und einen neben ihr freistehenden Glockenthurm gebaute Klosteranlage dar, in welcher eine Anzahl Mönche wohnen. Der Hof dieses Klosters wimmelt von einer Unzahl frommer Pilger. Männer, Frauen, Kinder, Greise lagern hier an allen Ecken und Kanten auf ihren Bündeln und Habseligkeiten. Nicht selten sind diese Pilger mit schwärenden Wunden und hässlichen körperlichen Leiden behaftet, für welche dieses arme und von der Kirche systematisch dumm erhaltene russische Bauernvolk hier in Kiew Heilung erhofft. Auf diese Stupidität und diesen kindlich thörichten Aberglauben haben denn auch hier in Kiew die Klosterbrüder mit wahrhaft beneidenswerthem kaufmännischen Sinne spekulirt, indem sie den zahllosen Pilgern für allerhand heiligen Mumpitz ihr Bischen Geld mit grösster Gründlichkeit aus der Tasche ziehen.

Zu den Hauptsehenswürdigkeiten und der Hauptopferstelle für ungezählte Kopeken armer Wallfahrer gehören die sogenannten „peschtscheri", das weltbekannte Höhlenkloster Kiews. Zu dem Eingang dieses unterirdischen Klosters steigt man gegenüber dem Hauptportal der Lawra auf vielen Hundert mit einem bretternen

Bogengang überspannten Stufen hinab. Wenn ich hier dem dortigen und auch sonstigen Sprachgebrauch in der Litteratur folgend von einem Höhlen-Kloster spreche, so hat man sich darunter nichts weiter vorzustellen, als eine Reihe von in die Lehmsteilwände des Dnjepr-Ufers gegrabener labyrinthischer Gänge mit einer grossen Zahl an und in ihnen gelegener Einsiedlerzellen. In diesem unterirdischen Labyrinth dauernd zu leben und zu vegetiren, muss in der That ein recht hartes Stück Arbeit gewesen sein, besonders wenn man sich noch zu alledem freiwillig bis an den Hals eingraben liess, wie solches von einem dieser Höhlenkloster-Besiedler erzählt wird. Alle diese merkwürdigen Heiligen, welche in diesem Exil lebten und starben, kann man nun heute in ihren offenen Särgen liegen sehen, anbeten, küssen, bewundern oder was sonst immer gefällig sein mag. Und dies geschieht denn auch von den Wallfahrern dieser heiligen Stätte mit einer rührenden Konsequenz. An einer Stelle wird ein zinnernes kleines, hohles Kreuz gezeigt und dazu erzählt, dass der Heilige X das Gelübde abgelegt habe, niemals pro Tag mehr Wasser zu trinken, als dieses merkwürdige Hohlmaass fasse. Natürlich müssen auch sämmtliche frommen Pilger aus diesem Kreuze geweihtes Wasser trinken, ohne dass Jemand daran denkt, wie hygienisch verwerflich diese Prozedur genannt zu werden verdient. Es dürfte wohl sehr fraglich sein, ob nicht mehr Menschen durch Ansteckung auf diese oder ähnliche Weise in dem „Bannbereich der Lawra" unglücklich und krank geworden, als genesen sind. Ich muss gestehen, dass dieser mannigfache religiöse Humbug, zu dessen Bewunderung man durch die endlosen Erklärungen des führenden Klosterbruders animirt werden soll, den Eindruck des Todes abschwächt, welcher sonst in dieser eigenartigsten aller mir bisher bekannt gewordenen religiösen Kultusstätten sich bleiern auf alle Glieder legt.

Dieser eigenartigen Klosteranlage der Lawra gegenüber fällt an Originalität das zweite Heiligthum Kiews, die alte Sophienkirche ziemlich ab, wenngleich auch sie wie die Lawra von ungezählten Pilgerschaaren ständig umlagert gehalten wird.

So vergingen die Stunden des Aufenthaltes in Kiew schnell. 6 Uhr 35 Minuten p. m. ging es weiter nach Woroschba. Der Eisenbahnzug war sehr überfüllt und in meinem Coupé ging es während der Nacht sehr russisch her, d. h. man rauchte Cigaretten, kochte Thee, schnarchte, schlief und nahm in Bezug auf die Platzfrage weniger Rücksicht auf den lieben Nachbarn, als auf das eigene Ich. An Schlafen war wenig zu denken, zumal um 4 Uhr 15 Minuten a. m. in den Zug nach Charkow umgestiegen werden musste.

Am Dienstag, den 6. Mai, 1 Uhr p. m. war ich in Charkow. In dieser Stadt war ich bereits 1897 gewesen. Der wenig angenehme Eindruck dieser langweiligen russischen Grossstadt war derselbe, wie damals. Heisse, schattenlose, staubige und schlecht gepflasterte Strassen, niedrige, meist nur einstöckige und vorwiegend orangegelb angestrichene Häuser mit bunten geschmacklosen Firmenschildern, ein kümmerlicher zur Zeit noch nicht einmal belaubter sogenannter Stadtpark ergeben insgesammt ein ödes und reizloses Stadtbild, genau so reizlos wie grosse Strecken der Schwarzerde- und Steppengebiete in seiner unmittelbaren Umgebung.

Um 4 Uhr 15 Minuten ging es weiter in der Richtung auf Lossowaja, d. h. meilen- und aber meilenweit durch die ödeste Steppe, ohne Baum und Strauch und ohne grössere menschliche Siedelung. Ein entsetzlich eintöniges, lähmend langweiliges Landschaftsbild! — Nachdem mit einigen Schwierigkeiten und mehrfachem Umsteigen in Sinelnikowo der aus der Krim nach Rostow fahrende Schnellzug erreicht worden war, kam ich bei strahlendem Sonnenschein und ziemlich starker Wärme am Morgen des 7. Mai glücklich in Rostow an. Noch in der Nacht hatte ich im Coupé mit einem etwas deutsch sprechenden Fabrikbesitzer aus Moskau Freundschaft geschlossen. Mit diesem zusammen verbrachte ich die Wartezeit bis zur Ankunft des um 3 Uhr 15 Minuten fälligen Expresszuges Moskau—Baku.

Die Stadt Rostow macht einen recht hübschen, Charkow gegenüber freundlichen, im Hinblick auf Kiew aber sehr modernen Eindruck. Die Häuser der Hauptstrasse, der Ssadowaja, sind auffallend ansehnlich für südrussische Verhältnisse, mehrfach 2 Stockwerke hoch und in ziemlich barocker, abwechselungsreicher Architektur erbaut, wenn auch überladen mit geschmacklosen Stuckfiguren, zahllosen Erkern und mannigfachen Thürmchen. Die Ssadowaja ist mindestens 6 km lang und führt schliesslich zu dem armenisch besiedelten Theil der Stadt, nach Natschitschewan. Hier in der Peripherie der in der Horizontalen wie überall in Russland unendlich ausgedehnten Stadt werden die Häuser wieder unansehnlich und niedrig, ähnlich wie beispielsweise in der Peripherie Moskaus. Am malerischsten präsentirt sich Rostow, ganz ähnlich wie Kiew, von der Flussseite aus, besonders von der Brücke über den im Frühling sich meergleich dehnenden, schlammige Fluthen dahinwälzenden Don.

Für den nicht gerade gering zu nennenden Zuschlag von 15 Rubeln für eine Platzkarte erkaufte ich mir das Recht, den Schnellzug nach Baku benutzen zu können und verliess mit ihm 3 Uhr

15 Minuten Rostow. Ich hatte das Glück einen deutschen Reiseonkel aus Köln als Coupégenossen zu haben, welcher weit in der Welt herumgekommen war und mir bald ein unterhaltender Gefährte wurde. In der Nacht vom 7. auf den 8. Mai, welche in dem ungemein bequemen, auch für nächtliche Ruhe vorzüglich eingerichteten Expresszug zugebracht wurde, fuhren wir durch die Steppe des Kuban bis an den Fuss des Kaukasus, welcher am Morgen in ganzer Pracht vor uns lag. Die Gebirgskette präsentirte sich mir bei wolkenlosem Himmel, von frischem Neuschnee bedeckt, weit schöner und majestätischer als seinerzeit im Jahre 1897, wo Regen die Aussicht hemmte. Die Weiterfahrt über Petrowsk und Derbent brachte nichts Bemerkenswerthes und in der Nacht auf den 9. Mai langte ich programmmässig, bei geradezu wunderbar schönem Wetter, ohne Hitze und Schwüle, in Baku an.

Das Hôtel „Europa" in Baku, in welchem ich Quartier nahm, war ausgezeichnet sauber, frisch gestrichen und reinlich. Nach Art orientalischer Karawanseraien liegen die Zimmer um einen centralen Hof gruppirt, im Parterre und ersten Stock. Da mir die Stadt und die Petroleumfelder bereits von früher bekannt waren, benutzte ich meine Zeit vorwiegend dazu, um meine geschäftlichen, d. h. Reise-Angelegenheiten zu ordnen. Ich erhob bei dem liebenswürdigen Herrn Pingoud, dem Vertreter der Mineralölwerke Albrecht & Co. in Hamburg, Geld und erhielt durch den stellvertretenden deutschen Konsul, Herrn Dassel, auf Grund meines Empfehlungsschreibens der Abtheilung für auswärtige Angelegenheiten der Hamburgischen Regierung ein Empfehlungsschreiben an den Generalgouverneur von Turkestan in Taschkent. — Die Trostlosigkeit der Lage Bakus, der Schmutz und die Naphtaschmiere in den Fabrikvierteln, die unreine naphtareiche Luft und alle die anderen Schändlichkeiten Bakus kamen mir auch dieses Mal wieder so recht vor Augen. Wie gefährlich obendrein die ganze Situation der Siedelung innerhalb dieser ungeheuren Oelmassen werden kann, illustrirte mir ein, wie extra zu meiner Belehrung in Scene gesetzter Brand einer gewaltigen offenen Naphta-Ambare in unmittelbarer Nähe des Pingoud'schen Grundstücks. Die wirbelnden schwarzen Rauchmassen, die leckenden und züngelnden Flammen, die kolossale Höllengluth in der Nähe der brennenden Oelmassen war imponirend und schreckenerregend zugleich. Man konnte sich wohl vorstellen, welch' ein entsetzliches Unheil das Ausfliessen und Ueberkochen eines solchen brennenden Naphtabeckens unter tiefergelegenen Arbeiterwohnungen mit ihrer ungezählten Bewohnerschaft anrichten kann, wie solches im Oktober 1901 unweit der Nobel-Werke passirt ist. Noch heute sprechen die schwarzen Brandruinen mit ihrem verkohlten Gebälk eine beredte Sprache.

Ein ganz besonderes Schauspiel aber hatte Baku mir noch zugedacht in Gestalt einer grossen Illumination zu Ehren der Anwesenheit des Schahs von Persien. Da ein grosser Theil der Bevölkerung und der Arbeiterschaft Bakus aus Persern besteht, so war erklärlich, dass die Freude der persischen Einwohnerschaft eine grosse und die inscenirte Beleuchtung eine für asiatische Verhältnisse zweifellos imponirende war. Es ist immerhin ein merkwürdiger Anblick, den mit der grossen Lammfellmütze bekleideten Tataren neben elektrisch, in Glühlampen erstrahlenden Triumphbögen stehen zu sehen und ihn mit offenem Munde verständnisslos und wie ein unmündiges Kind nur in's Anschauen versunken vor elektrischen Bogenlampen zu erblicken. Was diese Tataren ergötzte, liess mich dagegen völlig kalt, und was ihnen alltäglich und langweilig erschien, deuchte mir ungleich viel malerischer und wirkungsvoller. Es waren die grossen mit Masut gespeisten Pechpfannen, welche man mit ihrer feurigen, lodernden Gluth überall auf die Dächer der Häuser, auf die Zinnen der alten Festungsmauer und an die Kanten der Trottoire gestellt hatte. Sie warfen auf das wogende Volksgetümmel in seiner fremdländischen Tracht, mit den gigantischen Lammfellmützen und leuchtend gefärbten Turbanen, auf das jagende Getriebe der mit geradezu frappirender Schnelligkeit durch das dichteste Getümmel dahinsausenden Fuhrwerke ein solch' magisch zauberhaftes Licht, dass ich mich an diesem Bilde nicht sattsehen konnte. An einen Baum gelehnt, wurde ich nicht müde, wieder und immer wieder dieses fremdartige Bild mit allen Sinnen in mich aufzunehmen: als ein farbenprächtiges Nachtbild, welches entschädigen konnte für das viele Hässliche und Schmutzige, was der Tag in Baku den Blicken enthüllt.

Bis zum Abend des 10. Mai blieb ich in Baku. Dann schiffte ich mich sammt meinem Gepäck auf dem kleinen Dampfer „Knjäs-Barjatschinskij" ein und landete nach ungestörter Ueberfahrt, bei strahlendem Mondschein und spiegelglatter See am Vormittag des 11. Mai, einem Sonntage, auf dem asiatischen Ufer des Kaspi-Sees in K r a s s n o w o d s k. Hier bestätigte sich zu meiner Freude, was auf telegraphischem Wege Ende April nach Deutschland gemeldet worden war, dass die vordem von einer kriegsministeriellen Erlaubniss in St. Petersburg abhängige Benutzung der transkaspischen Eisenbahn seitens Ausländer seit dem 1. Mai a. c. für Jedermann freigegeben war. Kein Mensch kümmerte sich in Folge dessen um mich. — Hier herrscht bereits 26—30 °C Schatten-Temperatur.

Auf der Fahrt von Krassnowodsk nach Aschabad.
12. Mai 1902.

Ohne Fährlichkeiten bin ich bis hierher vorgedrungen! Ausser zweimaliger Ansprache durch Gendarmerie-Unteroffiziere, die meinen Pass zu sehen wünschten, ist mir bisher keine Schwierigkeit erwachsen. Von den gefürchteten Wanzen (vergl. Rohrbach, Im Vorderen Asien S. 35) der transkaspischen Eisenbahn habe ich ebenfalls bisher nichts verspürt. Zwischen Krassnowodsk und Aschabad zogen echte Wüstenbilder an mir vorüber. Kamelkarawanen, Tekinzen-Auls, Salzsteppen etc. Heute Abend werde ich in Merw eintreffen, wo ich indessen aus Zeitmangel (am 28. Mai spätestens muss ich in Wjernyj mit Prof. Saposchnikow zusammentreffen) keinen Aufenthalt nehmen werde. Ich fahre ohne Unterbrechung bis Samarkand.

Hinter Tschardschui in der Eisenbahn.
13. Mai 1902.

Soeben haben wir auf der neuen wohl sicher über 2 km breiten Eisenbahnbrücke den Amu-Darya gekreuzt. Eine historisch berühmte Stelle! Unser Coupé wurde gestürmt von einer Unzahl von Sarten in ihren malerischen bunten Seidenchalaten und den weissen Turbanen. Ein seltsames Bild diese braunen Söhne Asiens kreuzbeinig auf den Polstern der 2. Wagenklasse hocken zu sehen! In der Nacht durchquerten wir bis zum Amu-Darya die sterilste Sandwüste, welche ich je gesehen habe, mit haushohen, sichelförmig geschwungenen Dünen, nur spärlich mit „Saxaul" bewachsen. Meine Reisegefährten waren bis Merw ein russischer Ingenieur und ein deutscher Maschinen-Werkmeister. Heute Abend treffe ich in Samarkand ein.

Samarkand, 15. Mai 1902.

Staunend habe ich die Gartenstadt Samarkand mit ihrer orientalischen Märchenpracht durchwandert. Sie steht auf fruchtbarstem, durch künstliche Bewässerung weithin der Kultur erschlossenem Lössboden, versteckt in einem wahren Park der herrlichsten hochragenden Ulmen, Pappeln und Maulbeerbäume, bevölkert von den farbenprächtigen Gestalten der beturbanten Sarten und überragt von den Ruinen der prächtigsten und historisch bedeutsamsten Baudenkmäler Central-Asiens. Eine unvergesslich schöne Reittour in

Gesellschaft des Herrn Thienemann von der Firma A. Schubert führte mich hinaus zum Serafschan. Leider muss ich heute Abend weiter nach Taschkent, von wo dann die Postfahrt beginnt.

Poststation Moldabajewsskaja, zwischen Aulie-ata und Merke. 21. Mai 1902

Seit meiner Abreise aus Hamburg am 3. Mai sind nunmehr schon 3 Wochen verflossen. Jetzt, wo ich bereits im innersten Asien weile und nur noch ca. 4 bis 5 Tagereisen von Wjernyj entfernt bin, demnach mit Gewissheit darauf rechnen kann zur rechten Zeit mit Prof. Saposchnikow zusammenzutreffen, darf ich mir gestatten mit mehr Musse und dementsprechend mit grösserem Genuss zu reisen. — Die Umgebung, in welcher ich hier sitze, ist der Typus einer russischen Poststation. Ein niedriges, ziemlich einfach gebautes und etwas verfallenes Häuschen mit 4 bis 5 Räumen zu ebener Erde. Zwei davon bewohnt der sogenannte „Starossta" mit seiner Familie; die beiden anderen sind zur Benutzung der Fahrgäste reservirt, hier in Moldabajewsskaja anscheinend zugleich für eine lustige kleine Schwalbenfamilie, welche oben in der Ecke neben dem martialischen Ofen ihr Nestchen gebaut hat. Die graziösen Thierchen fliegen durch Thür und Fenster ein und aus und sind mit dem Menschen ebenso gut Freund, wie er mit ihnen. Die Wände der Zimmer sind, wie auf allen Stationen, weiss gekalkt, und ihr einziger Schmuck pflegt ein mehr oder minder gelungener Oeldruck mit dem Portrait des Zaren und der Zarin zu sein, sowie einige unter schmutzigem Glas eingerahmte Postreglements; dazu rechts oben in der einen Zimmerecke ein Heiligenbild. Ausser einem Tisch, einer breiten gepolsterten, sophaartigen Bank und einigen Stühlen enthält jedes der Gastzimmer einer solchen Poststation einige pritschenartige Holzkasten mit einem dünnen Leinenüberzug. Diese Pritschen stellen die Betten vor. Sie sahen anfangs einladend und verlockend aus; will man sich aber recht wuchtig darauf niederlassen, so bemerkt man zu seinem Schmerz, dass der Schein trügt; und gar eine Nacht auf ihnen zu liegen, ist für den Neuling mindestens unbequem.

Das Stationsgebäude wird flankirt von einem weiten Hofraum, welcher Stallung und Wagenremise enthält. Alle 20—30 Werst, d. h. etwa alle 2 Stunden kommt man an eine neue Station und muss dort, falls man nicht das Glück gehabt hat, rechtzeitig einen eigenen Wagen zu miethen, mit Sack und Pack aussteigen. Seit

Aulie-ata blühte auch mir dies Glück, da ich in letzterem Ort auf keine Weise einen neuen Tarantass zu miethen im Stande gewesen war. Von Taschkent bis Aulie-ata dagegen besass ich einen eigenen Wagen und konnte es mir relativ bequem in ihm machen, soweit dies überhaupt bei solchem Vehikel denkbar ist. Ein Tarantass, wie ich ihn im Ural 1897 kennen und würdigen gelernt, ist nur eine Duodez-Ausgabe von den Wagen, welche hier auf den centralasiatischen Poststrassen verkehren. Letztere müssen natürlich mehr Raum für Gepäck bieten, sind aber im Uebrigen ebenso federlos, wie jene im Ural. Stangen ersetzen die Federung und der Reisende sitzt in ihnen platt auf dem Boden oder auf seinen Koffern. Es kommt mir immer wie eine grimme Ironie vor, wenn ich solch' ein Vehikel officiell als „Equipage" bezeichnen höre. Als ich den mir zugedachten Wagen zum ersten Male im Posthof zu Taschkent sah, erschrak ich wahrhaft, so staubig, so schmutzig und abschreckend erschien mir dies Gefährt. Und doch habe ich diese Art „Tarantass" schätzen gelernt. Ich glaube in der That, dass es für die hiesigen Wegeverhältnisse gar kein praktischer konstruirtes und widerstandsfähigeres Fuhrwerk als ihn giebt. Denn es ist unglaublich, welche Stösse, Knüffe und Püffe der Kasten aushalten muss und aushält; fast noch bewunderungswürdiger aber ist, was der Mensch Alles in ihm ertragen kann, wenn er sich zweckentsprechend in ihm einzurichten weiss. Letzteres habe ich mit Hülfe des liebenswürdigen Herrn Hamburger in Taschkent gelernt, indem ich mir ausser einer mehrere Fuss hohen Schicht Heu eine weiche Decke auf dem Boden legen liess, mein Lederkissen unter das Gesäss schob, mein Luftkissen dahin steckte, wo der Rücken aufhört und mich selber dann so inmitten meiner Koffer verstaute, dass ich ziemlich fest und relativ weich sass. Auf diese Weise habe ich in, wie gesagt eigener, d. h. gemietheter „Equipage" den Weg von Taschkent bis Aulie-ata in einer Tour fahrend in 2 Tagen und 3 Nächten relativ schnell zurückgelegt. Wie es freilich nachts bei dieser wahnsinnigen Fahrerei in meinem Tarantass ausgesehen hat, verschweigt des Dichters Höflichkeit. Starke Schmerzen im linken Ohr und bläuliche Färbung der linken Backe verriethen mir eines Morgens, dass ich streckenweise anstatt auf meinem Kissen auf einer Kofferecke geschlafen haben musste. Aber „nitschewo" (d. h. das macht nichts) sagt der Russe. Leider ist mir auch bei solch' einer nächtlichen Fahrt mein geliebtes japanisches Luftkissen über Bord gegangen, wahrscheinlich weil es allzu papieren und luftig gewesen ist und daher leicht von einer lieblichen Windsbraut entführt werden konnte.

Um die generelle Schilderung einer turkestanischen Postfahrt noch zu vervollkommnen, bevor ich auf Details eingehe, darf ich nicht unerwähnt lassen, dass alle von mir berührten Poststations-Gebäude durchweg sauber gehalten waren. Die Gastzimmer waren stets mit reinen Gardinen versehen, oft sogar durch Belegen mit echten Teppichen geradezu wohnlich eingerichtet. Von der so oft als charakteristisches Wappenthier Russlands genannten Wanze habe ich bisher noch nicht einen einzigen Vertreter gefunden! Ich glaube, die Sage von dem unbeschreiblichen Ungeziefer in Russland gehört zu einem der vielen Vorurtheile, welche wir überhaupt von Russland haben. Wenn ich auch mehrfach gesehen habe, dass sich russische Kinder nach allen Regeln der Kunst, wie die Affen im Zoologischen Garten, die, mit Respekt zu vermelden, Läuse absuchten und ich noch gestern die Frau eines Posthalters ihrer Mutter gegenüber denselben Liebesdienst erweisen sah, so glaube ich doch, dass ganz dasselbe auch bei uns auf den Dörfern vorkommen wird. Geradezu lächerlich aber finde ich die Warnung in Bädeker's Russland, welche dem nach Transkaspien Reisenden anräth, sich in Krassnowodsk ein verschliessbares Abtheil dritter Klasse geben zu lassen, da die Polster der zweiten Klasse oft von Ungeziefer wimmeln sollen.

Und nun zu einer Schilderung meiner Erlebnisse seit meiner Abfahrt aus Samarkand am 15. Mai! Die Nacht von Donnerstag den 15. auf Freitag den 16. Mai verbrachte ich, wie so oft schon, im Zuge, was auf russischen Bahnen, selbst auf der transkaspischen, bei der geringen Fahrtgeschwindigkeit und den breiten Liegeplätzen innerhalb der Coupés keine Strapaze bedeutet. Nur die Luft im Coupé war miserabel, da an ein Oeffnen der Fenster bei der relativ grossen Abkühlung in der Nacht nicht zu denken, auch der Zug voll besetzt war, Männlein und Weiblein einträchtlich bei einander. Um 5 Uhr morgens beim Erwachen lag der Nura-tau, ein nach NW gerichteter Ausläufer des Transalai, schon hinter uns. Der Zug hatte auf der Fahrt nach der Station Dshisak seine Höhen bereits gequert. Von Neuem begann das Bild der menschenfeindlichen Steppe, welche überall an das Gebirge herantritt wo Wasser fehlt, und welche schliesslich bei weiterer Entfernung von den Bergen in die reinste Sandwüste übergeht. Zwischen Dshisak und Taschkent, resp. bis zum Syr-Darya trägt sie den bezeichnenden Namen „Hungersteppe". Ihr trostloser, monotoner, absolut steriler Anblick verändert sich sofort bei Annäherung an den mächtigen Syr-Darya. Die Nähe des Wassers lässt eine üppigere Vegetation zu, Bäume und Gesträuch erscheinen in grösserer Zahl und begleiten gallerieartig die Ufer des

Stromes, welcher selber mit reissender Strömung und chokoladebraun, voll von schlammigen Sinkstoffen in stattlicher Breite unter der Eisenbahnbrücke dahinfliesst. Noch einmal wieder beginnt eine steppenartige Gegend, dann tritt der Zug ein in das vom Tschirtschik reichlich bewässerte Gebiet von Taschkent. Am 16. Mai 10¼ Uhr morgens erreichte ich Taschkent. Der Bahnhof wimmelte von Sarten in ihren leuchtenden farbigen Chalaten, mit ihren weissen Turbanen und den dunklen, nicht selten schönen Gesichtern. Ich stieg in der „Nomera Turkestan" ab. Diese „Nummern" ersetzen überall in Turkestan die Hôtels, sind aber eigentlich nur „chambres garnies" ohne Restauration. Man kann jedoch auf Wunsch auch Essen erhalten, nur muss alles extra bestellt werden. Das Zimmer kostete 1½ Rubel, doch wurde auch hier, wie überall in diesen Nummern, jedes Stück Bettwäsche, jedes Handtuch, welches der Gast verlangt, extra berechnet. Die Bedienung waren Sarten, die in ihrer Nationaltracht, mit der bunten Schärpe um die Hüften, der gestickten Kappe auf dem Kopf und den hohen sartischen Lederstiefeln weit malerischer aussahen, als unsere europäischen befrackten Kellner. Taschkent selber zerfällt in 2 von einander grundverschiedene Theile, in ein russisches und in ein sartisches Taschkent. Der russische Stadttheil ähnelt äusserlich durchaus Samarkand. Er macht einen parkartigen Eindruck, hat schöne Alleen aus Pappeln und Akazien, welche an den Bewässerungskanälen, welche Taschkent wie alle turkestanischen Städte reichlich durchziehen, reihenweise angepflanzt sind, und niedrige, meist nur Parterreräume enthaltende Häuser des bekannten russischen Baustils. Die Ausdehnung in der Horizontalen ist, wie immer in Russland, erstaunlich und erforderte, besonders da ich keine Ahnung von dem Bauplan der Stadt hatte, konstantes Hin- und Herfahren mit dem „Iswoschtschik". Da Taschkent Endpunkt der Eisenbahn und Anfangsstelle der Postfahrt war, so lag mir viel daran, möglichst bald einen ortskundigen Führer zu finden. Ich fand diesen in der Person des mir von Dr. von Almasy empfohlenen Herrn Hamburger, des Agenten der Transport-Gesellschaft „Kawkas i Merkurii". Ihm verdanke ich, dass die rechzeitig aufgezogene Uhr, um mich bildlich auszudrücken, anstandslos ablief. Mit seiner Hilfe konnte ich auch in einer vortrefflich ausgestatteten Dunkelkammer meine bisher angefertigten photographischen Platten entwickeln. Der ganze folgende Tag (17. Mai) verging mit den erforderlichen Vorbereitungen zur Postfahrt und einem Besuch des sartischen Bazars. Dazu kamen die Verhandlungen mit Sr. Excellenz dem Gouverneur Iwanow, welche schnell zum erwünschten Ziele führten, sodass am

Sonntag, den 18. Mai, die Postfahrt, zunächst nach Aulie-ata, mit gemiethetem Tarantass beginnen konnte. Die Abfahrt war auf 7 Uhr p. m. festgesetzt, es wurde jedoch 9 Uhr bevor der Wagen heranrumpelte. Mit einiger Schwierigkeit wurde Mensch und Gepäck verstaut und hinaus ging es in die mondhelle Nacht.

Das in entgegenkommendster Weise ertheilte Vorschreiben des Gouverneurs zog bereits auf der ersten Station, wie auch später auf jeder weiteren. Man gab mir sofort Pferde und weiter ging es zur 2. und 3. Station. Weiter kam ich in jener Nacht nicht; mein Wagen wurde zwar auf der 3. Station aus-, aber nicht wieder eingespannt, und mir blieb die Wahl: bei recht kühler Nachttemperatur in meinem Wagen oder auf einer Holzpritsche in der Station weiter zu schlafen. Ich zog ersteres vor und wartete der Dinge, die da kommen sollten. Das war zunächst der Morgen und nach ihm ein heisser Tag. Schon um 9½ Uhr früh zeigte mein Thermometer im Schatten der Postkutsche 30½ °C. In der Station Scharapskany, wo ich um 7 Uhr eintraf, musste ich 2 Stunden liegen bleiben; erst dann bequemte man sich zur Weiterfahrt, die den ganzen Tag durch die aus Löss bestehenden westlichen Vorberge des Tiën-schan führte.

Diese Vorberge bis hin an den Fuss der den Hintergrund bildenden und im Neuschnee bis tief herab weiss erglänzenden Züge des Talaskischen Ala-tau tragen einen durchaus steppenartigen Charakter. Sie sind völlig baumlos und nur von dichter Grassteppe überzogen, welche jetzt im Frühling von einem Blumenteppich in oft grellen Farben (z. B. ungemein intensiv rothgefärbtem Mohn) durchwebt erschien. Der Boden ist, wenigstens im Gebiet der Poststrasse, lockerer Loessboden, welcher bei der herrschenden Hitze und Trockenheit sich in feinen Staub aufgelöst hatte. Das belebende Element in dieser Steppenlandschaft ist der nomadisirende Kirgise mit seinem Vieh. Ueberall sieht man die mit Vorliebe im Kreise gruppirten Kegelhütten, die sog. „Kibitken" über die Steppe verstreut. Ungezählte Schafheerden beleben die Hänge der Hügel. Pferde und Rinder ziehen weidend umher und liegen, anscheinend mit besonderer Vorliebe auf der sonnigen und staubigen Poststrasse. Auch das charakteristische Tragthier dieser Länder, das Kamel, leistet ihnen in ebenso grosser Anzahl und anscheinend mit derselben Angewohnheit, sich gerade in den Weg der Postkutsche zu lagern, Gesellschaft. Es machte einen fast komischen Eindruck, wenn die jetzt im Frühjahr ihres Wollpelzes fast völlig entbehrenden Thiere in plumpen Bewegungen und mit dummem Gesichtsausdruck sich vor den heranstürmenden Postpferden langsam von der Strasse erhoben, einige Schritte zur Seite gingen und sich dann mit einer fragenden Geberde nach dem staubumhüllten Gefährt umsahen, als wollten sie sagen: „Wie kommt Ihr mir vor!"

Hatte ich bisher im Gebiete Transkaspiens, vor Allem in den grossen Hauptstädten: Buchara, Samarkand und Taschkent, mit vorwiegend sartischer Bevölkerung zu thun gehabt, so kam ich von Taschkent ab fast ausschliesslich mit Kirgisen in Berührung. Die Sarten sind nur Stadt-Bevölkerung, auf der Steppe findet man sie nicht. Kirgisen sind daher auch die Kutscher der Postwagen, und nur der sogenannte „Starossta" der Stationen pflegt ein Russe zu sein. Mit diesem ausschliesslich hat man in Betreff der Weiterfahrt zu verhandeln, an ihn zahlt man die Postgebühr und er veranlasst das Umspannen. Das Benehmen dieser Posthalter, oft typisch russischer Gestalten mit mächtigem Haupt- und Barthaar, war überall von rühmenswerther Höflichkeit und Zuvorkommenheit. Der „gosspodin doctor" wurde wie ein hohes Thier behandelt. Und dies verdankte ich zweifelsohne, ausser meinem Vorschreiben des Gouverneurs Iwanow, einer kleinen List. Ich hatte nämlich durch Zufall in Berlin eine deutsche China-Feldmütze bei meinem Kleiderlieferanten gefunden und als für meine Reise praktisch gekauft. Sie trug vorne eine schwarz-weiss-rothe Cocarde. Diese Cocarde hatte ich in Taschkent abgetrennt, weil ich nicht mit einer deutschen Militär-Cocarde in Russland herumlaufen wollte. Hinter Taschkent aber befestigte ich sie schleunigst wieder an meiner Mütze; denn ich hatte bemerkt, dass alle dienstthuenden Beamten eine Cocarde trugen und dass der blosse Anblick derselben genügte, um einen russischen Postmeister in Central-Asien vor Ehrfurcht halbwegs erstarren zu lassen.

Moldabajewsskaja, 22. Mai 1902.

Während der verwichenen Nacht hat es unaufhörlich gewittert und in Strömen gegossen, sodass ich einstweilen keine Lust verspüre, weiter zu fahren. Tritt man aus dem Hause hinaus, so rutscht man knöcheltief in den schlammigen Lössschlick, und blickt man die Strasse hinunter, so steht alles unter Wasser. Grundlos nennt man die russischen Wege wenn es geregnet hat, und grundlos werden sie in der That in wenigen Stunden. Der wirbelnde Staub von gestern ist Schlamm, und die gestrige Sonnengluth mit 34 ° C Schattentemperatur ist heute 9 Uhr früh auf 9 ° C gesunken. Ich habe mein dickstes Flanellhemd angezogen und bin froh, es zu besitzen. Die am

Tage so idyllisch aussehende Schwalbenfamilie in meinem Zimmer hat sich während der Nacht doch recht schlecht benommen. Das Gewitter machte sie unruhig, und unterstützt von dem flatternden Flügelschlag einer hässlichen Fledermaus sausten sie mir um Nase und Ohren. Schliesslich schlief ich unter dem Gesang eines zirpenden Heimchens auf meinem Feldbett ein. Mein Frühstück bestand heute morgen, wie immer, aus Thee, trockenem Brod und Eiern. Butter giebt es auf den Stationen ebensowenig wie Fleisch, welches ich bereits seit Tagen nicht mehr gesehen habe. Ich bin froh, dass ich einen Topf Fleischextrakt und eine Anzahl Suppentafeln, sowie kompletes Theegeschirr mit mir führe. Ausser von Brod lebe ich bisher mit Vorliebe von kondensirter Erbsen- und Kerbel-Suppe, und das geht vorzüglich. Was an fester Nahrung fehlt, muss die flüssige in Gestalt von Thee ersetzen. Homer nennt Wein den „Sorgenbrecher"; in Russland ist es zweifellos der Thee; in Hitze und Kälte gleich vorzüglich! In Deutschland ahnt man nicht, was ein russischer „Tschai" bedeutet. Vor allen Dingen heiss, heiss wie die Hölle in Folge des ewig dampfenden und auf jeder Station, in jeder noch so ärmlichen Kirgisenjurte anstandslos erhältlichen Samowars. Bei 34 ° C Sonnengluth erfrischt er ebenso wie bei 6 ° Kälte.

Doch zurück zur Beschreibung der Steppenfahrt zwischen Taschkent und Tschimkent. Diese war in der That eine Strapaze! Der Lössstaub füllte Nase, Mund und Ohren und das jagende Dreigespann vor meinem Tarantass wirbelte mir allen Staub direkt in's Gesicht. Selbst die grosse sackleinene Schutzdecke, welche vor das Verdeck gezogen werden konnte, schützte nicht. Der Trakt war ziemlich belebt von zahlreichen „Arben", jenen hochrädrigen Lastwagen, welche in langen Reihen von je einem Pferde gezogen neben den Kamelkarawanen den hauptsächlichsten Lastverkehr besorgen. Die langen Wagenzüge von 15—20 Karren werden dabei nur von wenigen Menschen, oft nur von einem oder zwei auf dem Joch der ersten beiden führenden Pferde hockenden Kirgisen begleitet. Die übrigen Pferde sind mit einem Tau nach Art der Kamelkarawanen an das jeweils vordere Gefährt gebunden und ziehen resp. werden so ihres Weges gezogen. Alles wandert hier, Mensch und Thier, nichts ausser den einsamen Poststationen hat hier eine dauernde Wohnstätte, und der unsteteste und einsamste von allen bin ich schliesslich selber, der ich weiter jage im Sonnenbrand zwischen meinen Koffern im Tarantass eingekeilt und mit Freuden die ersten Sträucher und Bäume begrüsse, welche mir verrathen, dass ich mich einer Oase in diesen baumlosen Vorsteppen des westlichen Tiën-schan, der Stadt Tschimkent nähere. Wasser des Flusses Arys und eines seiner Zuflüsse weckt hier Baumwuchs und Leben. Um 1 Uhr p. m. des 19. Mai rasselte mein Tarantass in die hochspritzende Fluth des Arys und auf dem anderen Ufer wieder hinauf; er sauste hindurch durch die breiten Strassen, den langweiligen, vorwiegend von Kirgisen bevölkerten Bazar von Tschimkent und hielt vor 3 kirgisischen Filzjurten. Wo ist die Station? fragte ich erstaunt meinen Kutscher. Hier diese „Kibitken" war die Antwort. Ich ging hinein und ruhte dort aus im kühlenden Schatten der Jurte von des Tages Gluth. Die Thür war so niedrig, dass ich mit hörbarem Krach mit meinem Schädel dagegen rannte. Zum Gaudium der daselbst bereits versammelten wartenden Fahrgäste exercirte ich dasselbe Kunststück noch ein zweites Mal; erst dann lernte ich, durch Schaden klug geworden, die Maasse einer kirgisischen Jurtenthür dauernd auf ihre Höhe richtig abschätzen.

Eine solche Jurte ist kreisförmig mit konischem Dach aus einem kunstvoll zusammengefügten Stabgestell aufgerichtet. In dem unteren Theile sind die Stäbe gekreuzt, und die bedeckenden Filzdecken können zu Ventilationszwecken aussen abgehoben werden. Auch die runde Oeffnung an der Spitze des Kegeldaches ist vom Filz zu entblössen, wenn man Licht hinein oder Rauch hinauslassen will. Die Holzstäbe sind bunt bemalt und von ihnen herab hängen in das Innere der Jurte als Schmuck bunte Bänder. Die ganze Behausung ist geräumig, luftig und in jeder Hinsicht praktisch. Die Jurtenstangen sind leicht zerlegbar, die Filzdecken schnell zusammengerollt, und wenn das Futter abgegrast ist, zieht der Kirgise mit Sack und Pack weiter. Oft begegnete ich solch' wandernden Horden, deren zahlreiche Kamele und Pferde die Jurtenstangen trugen, die in dem neugewählten Weideplatz wieder zusammengesetzt werden sollten.

Eine derartige Jurte also war derzeit wegen Umbaus des alten Stationsgebäudes die Tschimkenter Poststation, und es ergab sich, dass man darin ganz wohnlich hausen konnte. Ich blieb dort bis 6 Uhr p. m., kochte mir Kerbelsuppe und wartete bis sich die 34 °C Schattentemperatur des Tages langsam verzogen hatten. Dann fuhr ich weiter, die ganze Nacht hindurch. Es war ein sehr zweifelhafter Genuss, denn die Wege hinter Tschimkent wurden immer schlechter und das Gepolter des Tarantass störte selbst meinen sonst so gesunden Schlaf. Die Nacht war aber herrlich mondklar, und wenn ich einmal halb im Traume an der vor mir auf dem schmalen Bock wunderbar kunstgerecht hin- und herbalancirenden Figur meines kirgisischen Kutschers vorbeisah, dann erblickte ich draussen die Landschaft in einer solch' silberklaren Helle, dass es mir nicht schwer wurde, die Uhr auf Minuten abzulesen. Aber kalt war es, erheblich kühler als am verflossenen Tage. Um die Temperatur-Differenz auszumachen, schwang ich nachts um 4 Uhr ganz bieder mein Schleuder-Thermometer und las nur noch 17 ° C ab. Das Pferdewechseln ging auch in dieser Nacht anstandslos von statten. Ueberall hielt ich dem Posthalter mein Gouverneurs-Vorschreiben recht dicht unter die Nase, fragte ob Pferde da seien und befahl im bejahenden Falle vorzuspannen. „Ganz wie Herr Doktor befehlen! Ssitschass (sofort)!"

In Folge dieses forcirten Fahrens war ich am Morgen des 20. Mai bei der Station Tschakpak, auf halbem Wege zwischen Tschimkent und Aulie-ata, angelangt, und als ich um 5½ Uhr aus meiner Kutsche blickte, da lagen gen Süden die schneebedeckten Höhen des talaskischen Ala-tau in ruhiger Majestät vor mir, und zu ihnen zogen sich die schon von früheren Tagen so wohlbekannten Grassteppen baumlos hinauf. Es fehlt eben diesen, den heissen transkaspischen Steppen- und Sandgebieten so nahen westlichen Tiën-schan-Abhängen jeglicher alpine Hochwaldschmuck und jegliche feste Siedelung von irgend welcher Bedeutung oder auch nur malerischer Wirkung. Daher wirkt das Bild für uns, an die Herrlichkeit des Alpenvordergrundes gewöhnten Kultur-Europäer, wenn auch fremdartig und eigen, so doch vorwiegend kalt und langweilig. Das eigentliche Hochgebirge, welches hinter diesen Vorbergen mit ihren Steppen aufsteigt, kann sich indessen auch hier von Tschakpak aus mit echt alpiner Scenerie kühnlich vergleichen. Der Nordabhang des centralen Tiën-schan soll, wie ich weiss, anders geartet sein und die Monotonie der Steppe der westlichen Vorberge nicht besitzen. Dort um Wjernyj erwarten mich prächtige Nadelholz-Hochwälder und Aprikosenhaine!

Merke, 23. Mai, Abends 9 Uhr.

Bei der Station Tschakpak und bereits dicht vor ihr haben wir es mit einer höchst interessanten Stelle des Tiën-schan zu thun, nämlich der Scharung zwischen dem nach Nordwesten abzweigenden Kara-tau und den in vorwiegend ost-westlicher Richtung südlich daran vorbeiziehenden Hauptketten des eigentlichen Tiën-schan, hier als talaskischer Ala-tau bezeichnet. Ich habe in meiner Monographie des Tiën-schan*) ausführlich über diese Stelle gesprochen. Hier stand ich nun vor ihr und musste mit Bedauern im Fluge an ihr vorübereilen, ohne auch nur mehr konstatiren zu können, als die schon seit

*) Zeitschrift der Gesellschaft für Erdkunde in Berlin, Bd. XXXIV, 1899.

langem allgemein bekannte Thatsache der entgegengesetzten Streichrichtung der hier scharenden Ketten und des grossen Höhenunterschiedes zwischen den ragenden Tiën-schan-Zügen im Süden und den gen Nordwesten hinziehenden kahlen, verwitterten und niedrigen Höhen des Kara-tau. An der Scharungsstelle liegt jedenfalls zwischen Kara-tau und Tiën-schan eine sich gen Aulie-ata immer mehr erweiternde Verflachung, welche naturgemäss von der Poststrasse benutzt wird und über welche auch meine Reiseroute am 20. Mai führte. Diese Fläche wird weiterhin zur echten baumlosen Grassteppe, bis sie vor Aulie-ata noch einmal von einem kahlen, wüstenhaften, dem Kara-tau parallel nach Nordwesten streichenden Höhenzug, dem Kujuk-tau durchzogen wird. Die Poststrasse führt durch dieses verwitterte, aus fast senkrecht aufgerichteten Thonschiefermassen bestehende niedrige Gebirge hindurch und folgt dabei dem Laufe eines tiefeingeschnittenen Flüsschens. Die Schichtenköpfe stehen überall auf dem Fahrdamm der Poststrasse an und machen daher die Fahrt, die nebenbei des Gefälles wegen auch noch mit dem Hemmschuh gemacht wird, zu einer Plage.

Auch der 20. Mai war wie alle seine Vorgänger wolkenlos und heiss. Bereits um 8½ Uhr früh zeigte das Thermometer im Schatten 28½ ° C und um 12 Uhr 32 ° C. Trotzdem trugen alle kirgisischen Kutscher, welche mich fuhren, und alle Kirgisen überhaupt, die mir als berittene Viehhirten oder sonst vorbeipassirten, ihre typischen dickwattirten Röcke, oder gar Pelze mit der Haarseite nach innen. Dazu krönte ihren gebräunten, echt mongolischen Schädel mit den mächtig vorspringenden Backenknochen eine Fellmütze, oder eine spitze Filzhaube, welche gleichfalls an Wärme nichts zu wünschen übrig liess. Immer die alte Sache, dass alle diese asiatischen Völker vor allem auf die grossen Kältegrade der Nächte eingerichtet sein müssen! Den Luxus eines doppelten Anzugs für beide Fälle kann sich wohl der Europäer, nicht aber ein solch' armer nomadisirender Teufel gestatten. Immerhin habe ich bereits aus dieser Thatsache, wie aus meiner bisherigen kurzen Erfahrung soviel gelernt, dass man sich in Central-Asien niemals zu leicht kleiden soll. Besonders in den Nächten habe ich dicke Wolle und warmen Anzug für durchaus nöthig erkannt. Meine Sorge, dass mein Lodenanzug zu schwer sein könnte, dürfte sich bald als illusorisch erweisen.

Nach Passirung des Kujuk-tau begann nun wieder die einförmigste Steppe, durch welche ich zunächst bis Aulie-ata noch am 20. Mai zu fahren hatte. Diese flache, nur von den in die Löss- und in die Alluvialmassen des Gebirgsfusses tief eingerissenen Erosionsthälern unterbrochene Steppe begleitet unausgesetzt den Nordfuss des Tiën-schan und geht weiter gen Norden in die ödeste und sterilste Sandwüste über, welch' letztere beginnt, sobald die Gebirgsbäche versandet sind. Unterbrochen wird dieses Steppenbild nur an relativ wenigen Stellen durch Auftreten grösserer Oasen, mit reichlicher Wasserzufuhr aus den Bergen und dadurch bedingtem Baumwuchs. Eine dieser Oasen ist Aulie-ata, welches ich noch am Abend des 20. Mai erreichte. Hier hatte nun meine Fahrt in eigener „Equipage" ihr Ende erreicht und es musste abgepackt und neu aufgepackt werden. Dabei stellte sich heraus, dass leider Gottes der Boden eines meiner Stahlblech-Koffer durch die unerhörte Stosserei des Wagens völlig eingebeult und durchgeschlissen war, ein Zeichen dafür, was Mensch und Kisten müssen vertragen können, wenn sie ungestraft in einem Tarantass reisen wollen. Ich nahm den Invaliden von jetzt ab zu mir in den Wagen hinein. Ob ich ihn in Wjernyj werde repariren lassen können, bleibt sehr fraglich. Und das alles trotz der dicken Filzumhüllung!

Am Mittwoch den 21. Mai früh 8 Uhr startete ich von Aulie-ata. Gegen den vorigen Tag war es erheblich frischer, nur $19^1/_2$ ° C, sodass mir bei der schnellen Fahrt und der dadurch entstehenden Zugluft mein Khaki-Anzug und dünnes Baumwollhemd bald zu leicht wurde. Ueberhaupt machten sich deutliche Anzeichen eines Witterungsumschlags bemerkbar. Der Himmel bedeckte sich mit dichten, aus dem die Steppen im Süden begrenzenden Alexander-Gebirge herauskommenden Wolken.

Der Weg von Aulie-ata an führte wieder durch die einförmige, den Fuss des Tiën schan im Norden begleitende Steppe, in Folge dessen auch keine Abwechslung im Landschaftsbilde den Reisenden erfreuen konnte, besonders da das nahe Gebirge in dichte Wolkenmassen gehüllt war und die Steppe ohne den grandiosen Hintergrund der Alexander-Kette öde und reizlos wirkt.

Im Laufe des Tages hatten sich die Wolken zu Regen verdichtet und das Thermometer sank auf 19 ° C. Am Nachmittag, während dessen noch 2 Stationen zurückgelegt wurden, fiel es sogar auf 15 ° C, ein gewaltiger Abschlag gegen die vorhergehenden Tage.

Die letzte Station des 20. Mai war Moldabajewsskaja, deren ich schon früher Erwähnung gethan habe. Hier wurde ich des heftigen Regens wegen bis zum Mittag des 22. Mai zurückgehalten. Dann fuhr ich weiter. Was war das aber für eine Fahrt! Wenn vordem der Lössstaub eine Plage gewesen war, so hatte ich es jetzt mit einer chokoladefarbigen Schlammsauce zu thun, welche in grossen Pfützen auf dem Wege stand. Dabei war es recht empfindlich kalt, um 1½ Uhr nur 12½ ° C. Grosse Löcher und Lachen voll Schlamm standen überall auf der Fahrstrasse, von welchen die kirgisischen Kutscher aber absolut keine Notiz nahmen. Ohne Besinnen und ohne Rücksicht auf die Pferde ging es hinein und hindurch. Der Kutscher hieb auf die Pferde ein, als ob sie von Holz und die Wege gepflastert seien. Rechts und links flogen mir von den Hufen der aussen im Galopp jagenden Pferde die Dreckklumpen in's Gesicht und der Wagen befand sich in einer konstanten Schaukelbewegung von hüben nach drüben. Dass bei solchem Wetter, solcher Fahrt und solchen Wegen niemals umgeworfen wird, ist nur in Russland denkbar, wo bekanntlich das mittlere der 3 Pferde der Troika unter der „Dugá" geht und in diesem Krummholz so unglaublich fest eingespannt wird, dass ein Umwerfen eigentlich nur dann möglich ist, wenn auch das Pferd unter der Dugá mit umfällt. Für diese ganze wahnsinnige Fahrt fand ich in nichts Entschädigung, denn auch heute war ringsum nur einförmige Steppe zu erblicken und nur das reiche Vogelleben liess zu denken übrig. Da sassen auf den centralasiatischen Telegraphendrähten reizende blaugrün gefiederte, an unseren Pirol erinnernde Vögel von der Grösse eines Staares, just so aufgereiht, wie die Spatzen auf unseren Telephondrähten. Rosenstaare, Wiedehopf und Haubenlerchen wurden aufgeschreckt von dem Schellengeklingel in der „Dugá" meines Dreigespanns, und sogar der „König im Bereich der Lüfte", der stolze Adler sass nahe am Wege.

Mittlerweile, im Laufe des Nachmittags, ballten sich die Wolken im Gebirge zu einer kompakten Bank zusammen, die als weisse Wand in halber Höhe der Alexander-Kette hing und nur die Gipfel frei liess. Diese Wand löste sich indessen bald wieder in einen feinen und dichten Regen auf, der im Gebirge niederging und von dessen Gewalt die angeschwollenen Bäche beredtes Zeugniss ablegten. In rothbrauner schlammiger Fluth brausten sie daher, überall unseren Weg querend, ohne freilich die Fahrt des Tarantass zu hemmen. Denn Hindernisse dieser Art kennt die russische Post nicht und darf sie nicht kennen. So lange das Wasser noch nicht über Gepäck und Wagenkorb fluthet, wird schleunigst hindurchgesaust.

So weiter und weiter fahrend, kam der Abend des 22. Mai heran und dieser hatte mir noch ein eigenartiges prächtiges Schauspiel als Entschädigung für die Nässe und den Schmutz des Tages zugedacht, einen geradezu grandiosen Sonnenuntergang. Die grauen Wolken, welche den ganzen Himmel bedeckten, hatten nur im Westen einen schmalen Streifen blauen Himmels freigelassen. Zu diesem wolkenlosen

Streifen sank die Sonne gegen 7 Uhr hinab, trat in ihn ein und sandte nunmehr ihre feurigrothen Strahlen mit einer wahren Pracht an Gluth und Farbenintensität fast horizontal über die Steppe. Dazu der düstere blaugraue Himmel ringsum und ein prächtiger doppelter Regenbogen, dessen Centrum vom Reflex der untergehenden Sonne in rosenrothem Lichte erstrahlte, auf der entgegengesetzten Seite! Was auf der Steppe stand, sich bewegte, lebte und webte, jedes Haus, jeder Strauch, jeder meiner mit dem Anschirren beschäftigten Kirgisen sah aus wie rothglühend, wie ein leibhaftiger Teufel. Nur 5 Minuten währte dies Schauspiel, dann begann wieder der Regen, unter dessen Strömen ich die Endstation dieses Tages, Merke erreichte. Wie sah aber mein Gepäck aus, als ich es vom Wagen hob, wie der Wagen, wie der Kutscher, wie ich selber! Wie mit Schlamm inkrustirt!

Als ich am folgenden Tage (23. Mai) früh nach Pferden zur Weiterfahrt verlangte, da erhielt ich kurzweg zur Antwort: „loschadi njeto", d. h. Pferde giebt es nicht! Keine Cocarde an der Mütze, kein Vorschreiben des Gouverneurs konnte mir helfen. Ich theilte dies Ungemach mit einem russischen Beamten und seiner Frau und musste mich in's Unabänderliche finden und den Tag, so gut es ging, ausnutzen. Zunächst kaufte ich mir Wasserstiefel von beträchtlichen Dimensionen und behaftet mit dem echt russischen Juchtenleder-Gestank. Es war dies eine conditio sine qua non, denn der Ort Merke glich in der That in Folge der letzten beiden Regentage einem regulären Sumpfe. Die eine Strasse, welche den Ort durchzieht, und zwar in einer Breite von mindestens 6 Wagengeleisen, wird in ihrem nördlichen Theil flankirt von den Gebäuden der russischen Ansiedler des Fleckchens und in der südlichen Hälfte von den Wohnungen der Kirgisen. Die russischen Häuser tragen den üblichen bäuerischen Charakter, sind aus Lehm oder Holz gebaut und mit Stroh gedeckt. Die Dächer sind Giebeldächer. Der kirgisische Theil der Siedelung hingegen hat flache Dächer, Bauten, die um einen Hof central gruppirt sind und nach der Strasse hin die üblichen Verkaufsläden zeigen.

Der Tag meiner Ankunft in diesem Nest war ein Markttag für die kirgisische Ortsbevölkerung sowohl wie für diejenige der Umgebung. Von allen Seiten zog man zu Pferde heran mit seinen Heerden und versammelte sich auf dem etwas erhöht auf einem Lössplateau belegenen Marktplatz. Der eine Theil dieses Platzes war für den Getreidemarkt und Mehlhandel, sowie für einige Butiken reservirt, der andere diente zum Viehmarkt. Hier entfaltete sich nun in der Zeit von 11—1 Uhr ein höchst interessantes und charakteristisches Bild, welches ich durch eine ganze Reihe von photographischen Moment-Aufnahmen festzuhalten versucht habe. Die Kirgisen kamen natürlich zu Pferde angeritten, gekleidet in ihre wattirten Chalate von vorwiegend rostbrauner, sackleinener Farbe oder von geblümtem und gemustertem Kattun. Die Beine steckten in den hohen Stiefeln, und auf dem Kopfe trugen sie die Pelz- oder Filzmütze. Die männlichen Kirgisen überwogen bei Weitem. Weiber waren selten, ritten aber, wenn vorhanden, wie die Männer sperrbeinig auf dem Pferde oder Reitochsen. Infolgedessen ist es von Weitem schwer, die Frauen von den Männern zu unterscheiden. Das einzige äussere Unterscheidungsmerkmal bildet ein weisses turbanartiges Tuch, welches die Frauen um den Kopf schlingen und breit auf Brust und Rücken, wie die Kragen der katholischen Nonnen, herabfallen lassen. Gehandelt wird hauptsächlich um Schafe oder deren Wolle. In langen Reihen werden die Thiere mit den Hälsen dicht und grausam eng aneinander gekoppelt; so warten sie geduldig darauf, was ihr Herr mit ihnen zu thun beschlossen hat. Hat er ihre Wolle verhandelt, so werden die Beine der Schafe zusammengebunden und die Wolle mit einer sehr primitiven Klippscheere, wie die Zweige eines Gartenzaunes gekappt; sind sie völlig als Eigenthum in den Besitz eines anderen übergegangen, so wird ihnen dessen Marke auf recht rohe und barbarische Weise auf das Fell gebrannt. Zu diesem Zweck hat ein Schmied mitten auf dem Markt seine Esse aufgeschlagen, von wo die glühenden Eisen an die, welche sie gebrauchen, vertheilt werden. Die Schafe dieser Kirgisen sind Fettschwanzschafe von schwarzer, brauner oder auch schneeweisser Farbe, mit lang herabhängenden Ohren und meist schwarzem Kopf.

Ausser mit Schafen wird vor Allem auch mit Pferden gehandelt, weniger mit Ochsen, die hier von den Kirgisen vorwiegend zum Reiten benutzt zu werden schienen. Ein solch' gesattelter und gespornter Ochse macht sich unter einem braunen Sohn der Steppe höchst possierlich.

Als der Markt zu Ende und der Boden von all den Tausenden von Reitern und Thieren zu einer schwarzen Breimasse förmlich zerrieben war, zogen sich die Kirgisen in die Theehäuser des Eingeborenen-Viertels zurück und verjuxten dort, genau so wie bei uns im Bierhaus, einen beträchtlichen Theil ihres Erlöses im Tschai-Trinken und Tschibuck-Rauchen.

Immer noch Poststation Merke.
24. Mai 1902.

„Da steh ich nun, ich armer Thor und bin so klug, als wie zuvor!" Trotz gegentheiliger Versprechungen kann mich auch heute bis auf Weiteres keine Macht der Erde weiterbringen. Die zwei kurzen Worte: „loschadi njeto" (Pferde giebt es nicht) sind hier Trumpf. Ich benutze also den unfreiwilligen Aufenthalt, um das Erlebte weiter zu Papier zu bringen und finde hierfür in dieser weltentlegenen Gegend als einsamer Kultur-Europäer, inmitten einer schwerverständliche russische Worte redenden Bevölkerung, an all' dem Seltsamen und Eigenartigen, den Unannehmlichkeiten und Verdriesslichkeiten einer solchen Wanderfahrt innerhalb des bis vor Kurzem noch so unbekannten südlichsten Sibirien, Material in Hülle und Fülle. Seit gestern Abend hat sich unsere wartende Gesellschaft noch um ein weiteres Glied, einen russischen Beamten, der von Smolensk nach Wjernyj versetzt wurde, vermehrt. Auch eine nette Reise! Ich selber sehe mittlerweile fast ebenso schmutzig und fleckig aus, wie diese reisenden Russen mit ihren ungezählten unsauberen Kopfkissen, ihrer verstaubten Uniform und einstmals weiss gewesenen Dienstmütze. Sich Flecke aus den Kleidern zu entfernen oder Stiefel und Rock zu reinigen, hält man richtiger Weise für einen ziemlichen Luxus; denn was hilft das alles. Eine solche unangebrachte Sauberkeit würde nur peinlich auffallen. Der eine dieser Beamten reist mit seiner alten, sich durch ein schauerliches Deficit an Zähnen auszeichnenden Frau. Dieser Mangel hinderte diese Dame aber nicht, den ganzen Tag über eine Cigarette nach der anderen zwischen die Zahnreste zu klemmen. Im Uebrigen war sie herzensgut, ebenso wie ihr Mann, und innerhalb kurzer Zeit hatte sich zwischen uns ein freundschaftlicher Verkehr entwickelt. Der Alte trank mir meinen Wein aus, ich ass von seinem Brod, trank von seinem Thee und liess mir die Citronenscheibe gerne gefallen, welche man mir als einen hier bereits hohen Luxusartikel kredenzte. Während sonst in ganz Russland auf jeder Bahnstation und in jeder kleinen Gastwirthschaft diese würzende Citronenscheibe ein unumgängliches Ingredienz ist, kann man sie hier in Central-Asien nicht mehr für vieles Geld und gute Worte kaufen. Ich bedauere sehr, dass ich den derzeitigen guten Rathschlag Dr. von Almasy's: ein Kistchen Citronen für mich und meine Freunde in Wjernyi mitzunehmen, in der Sorge unnöthigen Ballastes, in den Wind geschlagen habe. Auch eine Quantität Roquefort-Käse in Taschkent zu Geschenkzwecken zu kaufen, habe ich leider versäumt. Ich würde aber auch schwerlich der Versuchung widerstanden haben, diesen Käse selber zu essen, denn alles Zubrod, wie Wurst oder Käse, ist auf dem Post-Trakt schwer zu erhalten.

Zum Glück hat sich heute morgen das Wetter etwas aufgeklärt und sind die Wege während der Nacht ein wenig aufgetrocknet. Die Alexander-Kette, welche den Ort Merke im Süden begrenzt, liegt klar und wolkenlos vor mir und die Sonne scheint freundlich drein. Alles würde wieder gut sein, wenn nur Pferde zur Weiterfahrt zu haben wären. Nur Geduld und auch sie werden kommen!

Wjernyj, 4. Juni 1902.

Obgleich ich seit dem 28. Mai hier in Wjernyj bin, sind alle Tage so vollauf besetzt und in Anspruch genommen gewesen, dass ich nicht zum Briefschreiben kommen konnte. Auch die heutigen Zeilen sollen im Wesentlichen nur dazu dienen, meine glückliche und rechtzeitige Ankunft hier und mein völliges Wohlbefinden zu melden. Im Hofe des Statistischen Komités, in welchem ich diese Zeilen schreibe, liegt meine Bagage reisefertig gepackt, die Pferde sind bereits angespannt und gesattelt. In wenigen Minuten wird es hineingehen in das Hochgebirge des Tiën-schan und zwar über den Kastek-Pass und durch die Buam-Schlucht nach dem Issyk-kul, dann weiter zum Khan-Tengri und zurück über den Dsungarischen Ala-tau nach West-Sibirien.

Tokmak am Tschu, 8. Juni 1902.

Seit Mittwoch den 4. Juni ist unsere Karawane unterwegs. Am 5. Juni bezogen wir in einer kirgisischen Jurte nahe dem Kastek-Pass unser erstes Feldlager und seitdem sind wir durch das Kastek-Flussthal, im Laufe des 6. Juni bis Sary-dschassyk vorgedrungen, wo wir unser zweites Lager bezogen. Am 7. Juni trennte ich mich mit Prof. Saposchnikow von der Hauptkarawane und zogen wir, nur von einem Dschigiten begleitet, durch das Kara-konus-Thal. Die letzte Nacht verbrachten wir als Gäste eines kirgisischen Aeltesten in einer Jurte 1800 m hoch im Kara-konus-Thal. Die uns dort bereitete kirgisische Tafelrunde um einen Hammelkopf und den Samowar, war höchst amüsant.

Prshewalsk am Issyk-kul, 23. Juni 1902.

Diese Postkarte soll nur meine glückliche Ankunft in Prshewalsk, mein Wohlbefinden und das bisherige Gelingen unserer Expedition melden. Einen ausführlichen Bericht über den Verlauf unserer Reise von Wjernyj bis hier werde ich in den nächsten Tagen folgen lassen. Hier fand ich zu meiner grossen Freude Nachrichten aus der Heimath vor.

Prshewalsk, 24. Juni 1902.

Meiner gestrigen Postkarte lasse ich heute den angekündigten längeren Brief folgen, oder richtiger gesagt, will ich versuchen ihn folgen zu lassen. Denn wie weit meine Absicht sich wird verwirklichen lassen, hängt davon ab, wie viel Zeit mir unser Reiseprogramm lassen wird. . . . . Die Nachricht von dem Vulkan-Ausbruch auf Martinique ist so ziemlich die letzte Neuigkeit gewesen, welche ich seit meiner Abreise von Hamburg aus dem civilisirten Westen erhalten habe. Die Thatsache des Friedensschlusses zwischen England und den Buren und zwar zu Ungunsten der letzteren, hatte sich freilich auch bis in's Innere Asiens durchgerungen. Am Issyk-kul überbrachte sie uns ein Dschigit, und einige kräftige russische Flüche auf Albion bekam man an jenem Abend in unserer Jurte zu hören.

In Folge des durch die Verhältnisse gebotenen eiligen Abschlusses meiner wenigen aus Wjernyj vom 4. Juni datirten Zeilen, ist eine unbeabsichtigte Lücke in meinen Berichten, zwischen der Abreise aus Merke und meiner Ankunft in Wjernyj, entstanden, die ich heute in erster Linie auszufüllen mich bemühen werden. Also am Sonnabend, den 24. Mai 1 Uhr, war es endlich möglich, mit neuangekommenen Postpferden weiterzureisen. Ohne grössere Unterbrechung ging es von nun an vorwärts. Die Landschaft bot bis Pischpek, wo ich am Morgen des 25. Mai eintraf, wenig Abwechslung. Von Pischpek führte der Weg in's nordwestlich abzweigende Mainak-Gebirge und über dessen kahle Hochflächen hinweg auf den nordöstlichen Hang hinüber. Hier empfing mich nun ein erfrischendes und erquickendes Bild: die im Schmuck der Frühlingsflora prangende Wiesensteppe, ein Blumenteppich seltener Art. Saftig grünes Gras, tiefrother, glühendfeuriger Mohn, hellblaue Vergissmeinnicht, schlanke Königskerzen, gelbes Labkraut, rothviolette Kukuksnelken, Löwenmaul und tausend andere Gräser und Blumen bildeten gemeinsam diesen herrlichen

Teppich. Stundenlang fuhr ich durch diese Wiesenflora hindurch und erfreute mich an ihrer Pracht. Besonders die weithin sich dehnenden rothen Mohnfelder, welche ganze Hügel wie in Blut getaucht erscheinen liessen, machten sich prächtig und eigenartig zugleich, ganz wie auf dem bekannten Piglhein'schen Bilde der blinden Pilgerin in den Mohnfeldern der Campagna Roms. Und doch, wie vergänglich ist all' diese Pracht! In 2-3 Wochen sind alle Farben aus dem Bilde verschwunden und an ihre Stelle das dürre trockene Gelb der verbrannten Grassteppe getreten. Den ganzen Tag fuhr ich durch diese Landschaft, bis gegen Abend am Horizont die nördliche Kette des transilensischen Ala-tau mit ihren ragenden Schneegipfeln auftauchte und dem flachen Vordergrunde einen grandiosen Hintergrund gab. Am Nordfuss dieser Schneekette liegt auch das Ziel meiner langen Postfahrt, die Stadt Wjernyj, in welcher ich endlich am Morgen des 27. Mai, also noch einen Tag früher, als mit Prof. Saposchnikow verabredet, eintraf. Ich fand dort wiederum in einer sogenannten „Nomera", wie bereits in Taschkent Unterkunft, diesmal freilich bedeutend mangelhafter und centralasiatischer. Ein Bett hatte das Zimmer überhaupt nicht, nur ein divanartiges Gestell. Mein Feldbett war also auch hier, wie schon so oft vor- und nachher, sehr am Platze. Ausserdem war das ganze Haus und die aus zwei russischen Knaben bestehende Bedienung recht unsauber und schmutzig. Ich richtete mich so gut es ging ein und versuchte dann Herrn Prof. Saposchnikow zu finden. Bei Herrn Nedswezij, dem Sekretär des Statistischen Komités, erfuhr ich, dass Saposchnikow noch auf einer Exkursion sei und erst tags darauf zurückkehren werde. Und so geschah es auch. Am nächsten Morgen holte mich einer der russischen Expeditions-Mitglieder ab und führte mich zu Herrn Prof. Saposchnikow. Vor mir stand ein stattlicher, blondbärtiger Mann mit vornehmem Aeusseren und freundlichen blauen Augen, welcher sofort auf mich einen ungemein günstigen Eindruck machte. Dieser erste Eindruck hat sich auch in der Folge als durchaus stichhaltig und richtig erwiesen. Von selten liebenswürdiger und freundlicher Natur, von grosser Zuvorkommenheit und Artigkeit gegen Jedermann, kann ich mir kaum eine geeignetere Persönlichkeit für die schwierige und verantwortliche Aufgabe eines Expeditionsleiters denken, als Saposchnikow. Denn das muss ich hier gleich betonen: die Führung und das Arrangement der einzelnen Exkursionen liegt durchaus in seiner Hand und habe ich persönlich nichts damit zu thun, bin also in der glücklichen Lage, mich um die oft schwierigen Fragen betreffs Fortkommens der umfangreichen

Karawane, Verpflegung etc. nicht kümmern zu brauchen. An demselben Morgen lernte ich auch die übrigen Mitglieder der Expedition kennen, alle Stockrussen, die kaum ein Wort deutsch verstehen, aber sämmtlich vortreffliche und liebenswürdige Herren. Es waren: 1. Nikolai Wassilewitsch Popów, Mediziner. In der Expedition besorgt er vor Allem den Verkehr mit den führenden Dschigiten, ordnet die Kassenverhältnisse, zahlt die Miethspreise für Reit- und Tragthiere an die kirgisischen Eigenthümer, vertheilt verständnissvoll die Trinkgelder und überwacht das Essen; kurz er ist in Bezug auf das äussere Wohl der Karawane eine sehr wichtige Person. 2. Nikanor Alexjewitsch Knjásew, Student der Medizin und Botaniker. 3. Andréj Petrówitsch Welisbánin, Zoologe. 4. Victor Feodorowitsch Ssemënow, Lehrer aus Wjernyj, Entomologe. 5. Nikolai, Diener und Präparator. Sie alle wohnten in Wjernyj im Hause des Statistischen Komités und im Hof dieses Gebäudes lag das umfangreiche Expeditionsgut, sowie die bisher von meinen nunmehrigen Kameraden am Balchasch-See gemachten Sammlungen. Der Sekretär des Statistischen Komités, der bereits erwähnte Herr Nedswezij, hatte uns für die Tage unseres Aufenthaltes in Wjernyj sein Haus in liebenswürdigster Weise zur Verfügung gestellt und wir gingen dort zu allen Mahlzeiten ein und aus. Dies war deshalb besonders angenehm, weil es in Wjernyj, wie fast in allen grossen und kleinen Städten des russischen Asien absolut keine Gasthäuser in der Art unserer Restaurants giebt. Wenn man daher als Fremder nicht Anschluss an eine ansässige Familie findet, kann man bei lebendigem Leibe verhungern oder muss sich mit dem oft nur zu elenden Essen, welches der „maltschik" (-piccolo) der Nomera zusammenbraut, begnügen.

Die Stadt Wjernyj selber ist hübsch und anmuthig am Nordfuss des transilensischen Ala-tau gelegen und wird überragt von schneegekrönten bis mehr als 4000 m ansteigenden Berggipfeln. Die Häuser sind fast sämmtlich seit dem letzten Erdbeben in den 80er Jahren aus Holz, jedenfalls aber nur niedrig und ohne Stockwerke gebaut. Zahlreiche „Aryks" (Bewässerungskanäle) durchziehen die Strassen und an ihnen sind, ganz wie in Taschkent und Samarkand, reihenweise Ulmen, Pappeln, Weiden etc. gepflanzt. Von einem der benachbarten Hügel gesehen, verschwindet die ganze Stadt in einem einzigen grossen Park. Man kann daher mit Recht Wjernyj ein hübsches Städtchen nennen, aber besonders viel höheres, geistiges Leben herrscht hier kaum. Für die Beamten muss es daher eine ziemliche Verbannung sein. Die gesammte Aristokratie des Ortes concentrirt sich um den Gouverneur Excellenz Jónnow, welcher auch für unsere

Expedition eine wichtige Rolle zu spielen berufen war, da er auf amtlichem Wege alles für die Expedition, soweit erforderlich, vorbereitete. Persönlich war Exc. Jónnow ein ungemein liebenswürdiger alter Herr, welcher für mich nur den einen Fehler hatte, ausschliesslich Russisch zu sprechen. Professor Saposchnikow und ich, sowie an einem Abend auch die übrigen Expeditions-Mitglieder, waren bei dem Herrn Gouverneur häufig zum Thee, zum Mittag oder znm Abend eingeladen. Seine Frau Gemahlin und seine beiden Töchter bemühten sich ausserdem um die Wette, uns den Aufenthalt in ihrem gastfreien Hause möglichst angenehm zu gestalten.

Am Sonntag, den 1. Juni, machten wir auf Einladung Sr. Excellenz einen höchst genussreichen Ritt in das nahe Thal der Almatinka mit echt alpinem Hochgebirgscharakter. Freilich endete das Vergnügen mit strömendem Regen und völliger Durchnässung, wie überhaupt das Wetter in Wjernyj sich während unseres Aufenthaltes dadurch auszeichnete, dass einem völlig klaren Morgen ein schwüler, an Gewitterwolken reicher Mittag und zum Schluss ein regnerischer Abend folgte.

Unterdessen waren durch Saposchnikow die Reisevorbereitungen weiter getroffen, alles gepackt und zum Schutz gegen Regen und Staub in die vortrefflichen kirgisischen Filzdecken, sogen. „Kaschma" eingewickelt worden, und am 4. Juni war alles so weit, dass wir zur Poststation Kasansko-Bogorodskoje abfahren konnten. Unsere Gastfreunde, Herr Nedswezij mit Frau und Tochter, sowie der Photograph Leibin, in dessen Atelier ich meine letzten Filmsrollen hatte entwickeln können, gaben uns noch bis zur 1. Station, wo wir übernachten sollten, das Geleit. In Kasansko-Bogorodskoje wurde dann unsere Karawane definitiv formirt und die eigentliche Expedition begann. Ausser den Reitpferden für uns brauchten wir noch 18 bis 20 Packpferde für Zelte, Kisten, Proviant etc., sodass unsere Karawane ca. 22—24 Pferde stark war, abgesehen von den begleitenden Kirgisen. Das Gros der letzteren hatte die Aufgabe, die Gepäckpferde zu führen, zu satteln und zu bepacken. Zwei von ihnen waren sogen. „Dschigiten", d. h. von der Regierung angestellte, ortskundige Führer, welche die Wege genau kannten und welche bei Ankunft im Lager als Mädchen für alles, besonders aber als Köchin zu dienen hatten. Es waren meist intelligente Leute, welche neben Kirgisisch genügend Russisch sprachen und daher als Dolmetscher im Verkehr mit der eingeborenen Bevölkerung eine weitere, sehr wesentliche Funktion zu versehen hatten. Auf der Strecke von Kasansko-Bogorodskoje rund um den Issyk-kul bis Prshewalsk wechselten diese

Dschigiten dreimal, da wir durch 3 verschiedene „Wollossti" (Bezirke) kamen. Ebenso oft oder mehr wechselten wir unsere Pferde, was stellenweise höchst nothwendig war, indem es vorkam, dass wir 10 Stunden und mehr pro Tag ritten und dann die Pferde fast noch erschöpfter waren, als ihre Reiter. Im Uebrigen aber ist es erstaunlich, was diese kleinen zähen Thiere bergauf, bergab, im Schritt, Trab oder Galopp auszuhalten vermögen. Reiten freilich muss man können, wenn man sich auf ihnen wohlfühlen will, und reiten lernt man, wenn man so täglich, wie ein Kirgise, von früh bis spät im Sattel hängt. Giebt es etwas Schöneres, als so im sausenden Galopp über diese weiten Hochgebirgsflächen hinzusprengen, oder am schwindelnden Abgrund von dem erstaunlich sicher schreitenden Thiere vorbei getragen zu werden?

Was nun unser alltägliches Leben anlangt, so muss ich vorausschicken, dass uns bisher absolut nichts abgeht. Wir haben zwar täglich tüchtig körperlich und geistig zu arbeiten, aber dafür auch stets gut und reichlich zu essen, denn unsere Expedition wird als eine russische, von der Regierung protegirte und veranlasste Unternehmung überall von den einheimischen kirgisischen „Wollosstnojs" (kirgisischer Gemeinde-Aeltester) sehr gastfrei und zuvorkommend aufgenommen. Vor allem war auf dem ganzen Wege um den Issyk-kul herum an jedem Lagerplatz eine geräumige und, was hier im Hochlande von 2—3000 m Meereshöhe immer von Bedeutung ist, eine warme und wetterfeste Jurte für uns aufgeschlagen. Wir brauchten daher bis jetzt noch nicht im Zelt zu übernachten und benutzten dieses nur dazu, um unsere Bagage während der Nacht darunter zu bergen. Die landesübliche Bedeckung der Jurten mit Filz hat die Annehmlichkeit, im Winter warm und im Sommer kühl zu sein. Im Innern waren diese Jurten stets mit buntfarbigen Teppichen und Seidenstoffen reich belegt und ausgeschlagen und stellten so eine höchst wohnliche Behausung in dieser wilden Hochgebirgswelt des Tiën-schan vor. Auf dem Boden dieser Jurten wurden nachts die Betten meiner Reisekameraden, welche aus grossen Federkissen und weichen Decken bestanden, ausgebreitet, während ich mein Feldbett aufschlug. Nach den Anstrengungen des Tages pflegte man so selbst dann vorzüglich zu schlafen, wenn draussen die Temperatur bis auf wenige Grade über Null gefallen war. Verschiedentlich habe ich daher bereits den grossen kaschgarischen Ziegenpelz gebraucht, welchen ich mir für 18 Rubel in Wjernyj erstanden hatte. Morgens beim Erwachen findet man den wackeren Dschigiten schon am dampfenden Samowar; es wird Thee aus handfesten Holzschüsseln zusammen mit getrocknetem

Brod servirt, stellenweise auch in grossen Feldkesseln ein fadenscheiniger Kaffee oder ein kräftiger Kakao gebraut. Ist Tags zuvor noch das Glück unseren Jägern hold gewesen, dann bekommen wir auch wohl ein meist mit Fingern und Zähnen zu bearbeitendes Stück gebratenes „Kekülék" (Feldhuhn), oder eine Taube, oder einen Fasan. Denn die Vogelwelt ist von einem geradezu erstaunlichen Reichthum und unsere zoologische Beute besteht zum grossen Theil aus Vogelbälgen. Das Mittagsbrot wird oft um 2 Uhr, manches Mal um 5 Uhr, dann wieder spät abends um 8 Uhr eingenommen, je nachdem es Zeit und Umstände erlauben. Eingeleitet wird dasselbe nach gut russischer Sitte durch einen Schnaps, dann kommt mit tödtlicher Sicherheit jeden Tag in einer grossen Blechschüssel gekochter Hammel auf den Tisch und zwar der ganze Hammel zerlegt in alle seine Atome: Schädel, Füsse, Schwanz, Herz, Leber, Nieren, Rippen, alles kunterbunt durcheinander und alles mit dem infamen Hammelgeruch behaftet. Besonders die Augen, Ohren und das Gehirn gelten bei den Kirgisen und auch bei den Kennern unter meinen Reisegefährten als etwas ganz besonders Delikates. Ich gestehe offen: ein Ohr zu essen habe ich nie, ein Auge zu vertilgen nur einmal, und das Gehirn zu essen sehr bald gelernt. Diesen Hammel bekamen wir als Hauptgericht jeden Tag vorgesetzt; am 19. Juni aber konstatirte ich meine Unfähigkeit, weiterhin von ihm zu essen. Drei Tage lang revoltirte mein Magen gegen dieses Gericht und nur mit Mühe konnte ich am Mittagstische sitzenbleiben und den aufsteigenden Widerwillen unterdrücken. Dann nach dreitägiger Pause ging es wieder und am Abend meines Geburtstages (21. Juni), welchen ich mit vielfachen Rückerinnerungen an die Heimath in einer höchst malerischen Engschlucht des nördlichen Terskei-Ala-tau-Abfalles verlebte, konnte ich zur Feier des Tages wieder einige Hammelrippen verarbeiten. Ausser Hammel giebt es beim Mittagessen eine durch allerlei getrocknete Gemüse schmackhaft gemachte Fleischsuppe und häufig sogar noch ein Reisgericht mit getrockneten Aprikosen oder Rosinen gewürzt. Tschai bildet auch hier stets den Schluss der lukullischen Genüsse und Tschai giebt es auch noch einmal am Abend mit getrocknetem Brot dazu. Teller, Messer und Gabel sowie Trinkschale hat jeder unter eigener Verwaltung; das einzige blaue Tischtuch unseres Feldtisches hingegen war im wahren Sinne des Wortes Gemeingut aller und diente gleichzeitig als Serviette. Es war höchste Zeit, dass es hier in Prshewalsk in die Wäsche kam; es konnte selbst den grössten Heisshunger gegen Schluss des ersten Drittels unserer Reise etwas herabstimmen.

Die wissenschaftliche Arbeit ist so vertheilt, dass im Laufe des Tages alle Sammlungen an Pflanzen, Thieren und Steinen gemacht, Photographien aufgenommen und die Aufzeichnungen über das Gesehene gemacht werden. Abends im Lager beginnt das Verdauen des Gesehenen, welches für mich in Ausarbeitung des Tagebuchs und im Ordnen der geologischen Aufsammlungen, für unsere Botaniker im Pressen der Pflanzen und für unseren Zoologen und Präparator im Abbalgen der erlegten Thiere besteht. Mit diesen Arbeiten pflegen die Abendstunden vollauf ausgefüllt zu werden, und oft komme ich trotz grösster Müdigkeit von des Tages Last und Hitze nicht vor 11½ Uhr auf mein Feldbett. Beim flackernden Schein der Kerze schreibt man sein Tagebuch, und Saposchnikow und ich als die Photographierenden der Expedition müssen dann noch, wenn rings um uns bereits alles schnarcht, die Platten wechseln. Ausser den kleinen Hand-Apparaten führt die Expedition noch einen grossen Stativ-Apparat mit, welcher auch mit Stereoskop-Linsen versehen werden kann. Neben meinem Tagebuch führe ich ein meteorologisches Journal zur Eintragung der Aneroid- und Thermometer-Ablesungen, sowie der Beobachtungen am Kochthermometer.

So also reisten wir seit unserer Abfahrt von Wjernyj bis zu unserer Ankunft in Prshewalsk. Wenn ich das wissenschaftliche Resultat, soweit es mich betrifft, überdenke, so habe ich zunächst ein sehr interessantes Profil durch die Alexander-Kette in der Buam-Schlucht, vor allem auch die jugendlichen horizontalen Seeablagerungen in derselben kennen lernen und untersuchen können. Sodann boten mir die zahlreichen Kreuz- und Querzüge am Südufer des Issyk-kul Gelegenheit, die geographische und geologische Natur der Abhänge der Terskei-Ala-tau-Kette, sowie der interessanten Terrassen-Bildungen des austrocknenden Issyk-kul näher zu studiren und mir eine vorläufige Vorstellung von den eigenartigen, durch gewaltige Schuttanhäufungen zu weiten Hochflächen umgewandelten Längsthälern des Tiën-schan zu bilden. Die Thatsache, dass wir an verschiedenen Stellen quer zur Streichrichtung des Gebirges gegen Süden bis in Höhen von 3000 m und mehr vordrangen, ermöglichte die Bildung einer ziemlich vollständigen Vorstellung von dem inneren Bau des Terskei-Ala-tau, welche in den nächsten Wochen noch wird ergänzt werden können, denn übermorgen früh brechen wir auf in der Richtung auf den Turgen-Aksu-Pass und werden in ihm die Kammlinie des Terskei-Ala-tau übersteigen, sowie in das Thal des Sary-dschass vordringen. Hier wird vermuthlich das Gros der Karawane ein Standlager beziehen, um zu jagen und zu sammeln, während Saposchnikow und ich mit den erforderlichen Pferden und Führern nach Westen, in der Richtung auf die Naryn-Quellen vorzudringen beabsichtigen. Dann kehren wir wahrscheinlich nach Sary-dschass zurück und gehen über Dscharkent nach Norden in den Dsungarischen Ala-tau.

Von einer ausführlichen brieflichen Schilderung der Erlebnisse und Beobachtungen auf dem ersten Drittel unserer Reise muss ich aus Zeitmangel absehen; um aber wenigstens einen kleinen Begriff von der landschaftlich geographischen Eigenart der durchzogenen Gebiete zu geben, soweit dies überhaupt ohne Abbildungen möglich ist, will ich hier einige Hauptphasen kurz zusammenfassen. Da ist zunächst die Buam-Schlucht, d. h. der Durchbruch des Tschu durch das Alexander-Gebirge als eine in sich geschlossene Charakter-Landschaft zu nennen. Ich hatte mir diese sogenannte „Schlucht" nach den Karten-Darstellungen und Schilderungen in der russischen Litteratur als etwas ganz Anderes, als etwas wie eine alpine Klamm vorgestellt. Weit gefehlt! Ein wirklich malerisches Engthal ist diese Buam-Schlucht eigentlich nur auf einer kurzen Strecke, und auch auf dieser fehlt ihr der Reiz ähnlicher alpiner Scenerien, weil die Vegetation fehlt. Das Klima Central-Asiens mit seiner gewaltigen Schutt bildenden Kraft trat mir bereits hier handgreiflich vor Augen. Die Böschungen der an sich freilich sehr steilen Wände waren gemildert durch ganz immense Schutthalden, welche überall von den Thalflanken als mächtige Schuttkegel herabzogen und durch die Verwitterungskraft von Jahrtausenden aufgehäuft waren, ohne wie in europäischen Gebirgen durch die atmosphärischen Wasser heraustransportirt zu werden. Geradezu erstaunt aber war ich, als ich unweit der Poststation Kok-mainak aus dem engen Defilé schwarzgrüner, mit einer metallisch glänzenden Verwitterungsrinde überzogener Grünsteine in eine weite Thalerweiterung eintrat und den Boden dieser Erweiterung bedeckt sah mit einer mächtigen, unten roth, oben weissgefärbten Schichtenfolge von Sandsteinen und Konglomeraten, welche sich bei näherer Untersuchung als die zweifellosen Ablagerungen eines alten Sees herausstellten.

Es ist darnach wohl zweifellos, dass sich der Issyk-kul einst in geologischer Vorzeit bis in diesen weiten Theil der heutigen Buam-Schlucht erstreckt hat und dass auch er selber im Austrocknen begriffen, einst viel grösser war. Denn ringsum an seinen Ufern konnte man sehr deutlich mehrere alte Terassenstufen unterscheiden, welche zwischen dem Seeufer und dem eigentlichen Gebirge liegend, heute der Grund sind, weswegen das eigentliche Gebirge bis 10 und 20 km vom heutigen Seeufer entfernt ist. Da diese alten Terrassen aus sterilen Schottern und Sanden bestehen, tragen sie nicht gerade zur landschaftlichen Verschönerung der Seeufer bei. Der See selber aber ist ohne Zweifel eine landschaftliche Perle, dem nur jeder belebte Vordergrund, jedes menschliche Leben, jedes Segel, jeder noch so winzige Kahn fehlt. Sonst aber steht er mit dem prächtig klaren Tiefblau seines Wasser in einem reizvollen Kontrast zu den schneegekrönten Bergketten ringsum, und diese Umgebung lässt ihn an den Genfer-See erinnern. Viel schöner aber noch als von den relativ reizlosen kahlen Ufern macht sich sein krystallener Spiegel von den Höhen der benachbarten Berge aus, und an zahllosen Stellen des Terskei-Ala-tau konnten wir uns dieses unerwartet zwischen den zackigen Bergwänden auftauchenden Anblicks erfreuen. Wie Xenophon's 10000 Griechen beim Anblick des Schwarzen Meeres in den Ruf „Thalassa, Thalassa" ausbrachen, so pflegten auch wir dann jubelnd den blauen Issyk-kul zu begrüssen. Auch in seinen klaren Fluthen zu baden, war ein gerne benutzter Genuss!

Der Terskei-Ala-tau endlich, die dritte geographisch geschlossene Einheit, welche wir auf dieser Strecke kennen lernten, war eine echte Tiën-schan Hochkette, von glänzendem Schnee gekrönt, aber in diesem dem Issyk-kul unmittelbar südlich benachbarten Theil anscheinend ohne grössere Gletscher. Im westlichen Theil fehlt ihm jede Baum-Vegetation, und nur Grasmatten wechseln mit kahlen, wild überstürzten Schutthalden und ragenden nackten Felsen. Im östlichen Theil hingegen geht bis in beträchtliche Höhen ein dunkler Tannenwald herab, welcher ausschliesslich aus der gewaltigen ragenden Picea Schrenckiana besteht und der Scenerie das Grossartige und Abwechselungsreiche giebt, was wir an unserer Alpenlandschaft zu bewundern Gelegenheit haben.

P. S. Heute Nacht um 4 Uhr ist auch Dr. Gottfried Merzbacher aus München mit einem Tiroler Führer, einem Präparator, dem Geologen Herrn Keidel aus Freiburg und dem Ingenieur und Alpinisten Herrn Pfann aus München hier eingetroffen. Sein Hauptgebiet wird, wie mir bekannt war, der Khan-Tengri und der östliche Tiën-schan sein. Er wird sich jedoch dem Khan-Tengri von der Nordostseite zu nähern versuchen, und nur im Sary-dschass-Thal werden unsere Forschungsgebiete zusammenfallen.

Dscharkent im Ili-Becken (Gouvernement Semirjetschensk),
1. August 1902.

Wenn man sich durch den glühenden Sonnenbrand der Wüste und Steppe des trostlosen Ili-Thales hindurchkämpfen muss bis zu der Stelle, wo die Menschen wieder so kultivirt sind, eine Poststation zu besitzen, und wenn man auf dieser Fahrt innerhalb der trostlosesten Wüstenei unverhoffterweise auf einem weltverlassenen Fleck Erde, mitten unter blutgierigen Mücken bei 33° C Schattentemperatur einen Tag festgehalten wird, so ist das Gefühl inniger Freude wohl zu verstehen, welches ich hier nach monatelanger Unterbrechung beim Empfang eines Briefes aus dem elterlichen Hause empfand. Was habe ich alles in den letzten 4 Wochen gesehen und erlebt! Wie viele grandiose und gewaltige Eindrücke einer gigantischen, in Schnee und Eis erstarrten menschenleeren und menschenfeindlichen Gebirgswelt habe ich in mich aufnehmen können, und auf der anderen Seite wieder, durch welch' öde, abschreckend einförmige, von der gütigen Mutter Natur nur wie ein wenig geliebtes Stiefkind behandelte Gegenden hat mich meine Reise geführt! Aus der frischsprudelnden Quelle unmittelbarster Erinnerung über das jüngst Erlebte mitzutheilen, ist Zweck meiner heutigen Zeilen. Zuvor aber muss ich wiederholt das Glück preisen, welches mich mit unserem Expeditionsleiter, Herrn Prof. Saposchnikow zusammengeführt hat. Auf ihn passt das Epitheton ornans eines „sonnigen" Menschen, sowohl wegen seines stets fröhlichen, unverdrossenen und heiteren Charakters, als auch wegen seines ganzen Auftretens und seiner Denkweise. Seiner Zuvorkommenheit (er hielt ständig einen Kirgisen zu meiner persönlichen Verfügung) verdanke ich es auch, dass es mir seit Prshewalsk, allerdings mit Aufbietung aller Energie, gelungen ist, eine vollständige Routenaufnahme mit Kompass und Uhr neben den geologischen Aufsammlungen und Notizen zu machen. Ich hoffe, dass es vermittelst derselben möglich sein wird, später eine Karte der bereisten Tiën-schan-Theile zu konstruiren, welche genauer ist als die bisherigen und vor allem auch richtiger und vollkommener in der Namengebung. Auf letzteren Punkt haben wir durch zahllose Erkundigungen bei den Kirgisen besonderes Gewicht gelegt. Meine Gesteinssammlung werde ich von hier nach Hause dirigieren. Es klebt mancher Schweisstropfen an diesen unscheinbaren Steinen, die aber nach erfolgter genauer petrographischer Untersuchung manches Problem und manche Frage zu lösen berufen sein werden.

Nachdem in Prshewalsk alle Sammlungen geordnet und verpackt, der Proviant erneuert, die zerrissenen Kleider und Stiefel geflickt und alle Abmachungen mit den Behörden und führenden Kirgisen getroffen waren, rückte unsere Karawane am 28. Juni von Neuem aus und zwar zunächst in rein östlicher Richtung bis zum Thal des Flusses Turgen-Aksu. Im unteren Theile dieses Thales schlugen wir das erste Nachtquartier auf, oder richtiger gesagt, war es bereits für uns durch den überall uns fördernden „Befehl von oben" abseiten des betreffenden kirgisischen Wolostnoj in Gestalt einiger warmer und wetterfester Jurten aufgeschlagen. Das ganze von uns bereiste Gebiet des Tiën-schan zerfällt nämlich in eine Anzahl „Wolosti", an deren Spitze je ein kirgisischer unter russischer Kontrolle stehender, aber von den betreffenden Kirgisen-Gemeinden selber erwählter Wolostnoj oder Kirgisen-Aeltester steht, welch' letzterer stets zu unserer Disposition war und von Fall zu Fall dafür zu sorgen hatte, dass wir Jurten, Pferde und Proviant (den unvermeidlichen Hammel) vorfanden. So war es auch im Turgen-Aksu-Thal.

Am nächsten Morgen zogen wir in dem mit herrlichen Tannenwald dicht bestandenen Thal weiter stromaufwärts bis zu einer Stelle, an welcher plötzlich das bisher enge, von dem starkströmenden Fluss in brausendem Gefälle durchströmte Thal sich erstaunlich verbreiterte und hinter einem Schuttwall der Thalboden plötzlich weit und eben, und der Fluss ruhigfliessend wurde. Ich vermuthete sofort, dass wir hier vor einem alten Gletscherbett ständen und dass das weite Wannenthal des oberen Turgen-Aksu seine heutige Gestalt der Wirkung glacialer Ausschleifung und Ausräumung verdanken müsste. Es war daher mein Bestreben, von nun an im Turgen-Aksu-Thale die Spuren dieser alten Vereisung zu finden, was mir auch in Gestalt zweifelloser Rundhöcker auf dem Thalboden und ungemein deutlicher Gletscherschliffe in alten, steilaufgerichteten Phylliten der Umgebung unseres nächsten Lagerplatzes im oberen Turgen-Aksu-Thal gelang. Meine Photographien werden später als Beleg für diese Thatsachen dienen können.

War dieses Thal einst so intensiv vergletschert, wie es seine heutige morphologische Konfiguration vermuthen liess, so war anzunehmen, dass in seinem Hintergrunde auch heute noch, wenn auch nur kleine und gegen früher unbedeutende Gletscher liegen mussten. Zu ihrer Aufsuchung verwandten wir den 30. Juni. Es war eine mühselige Parthie, da das obere Turgen-Aksu-Thal, je weiter wir vorrückten, desto unwirthsamer und wilder wurde. Der Tannenwald hatte bereits seit langem aufgehört. An seine Stelle war das niedere Krummholz des Tiën-schan (Juniperus sabina) mit seinen abenteuerlichen, wie vertrocknete menschliche Arme und Beine gestalteten Zweigen getreten. Dann blieb auch dies zurück und ein Bild völligster Wildnis und fruchtloser Steinwüstenei trat an seine Stelle. Nichts sah man weiter, als in ihrem eigenen Schutt begrabene Thalwände, überstürzt von gewaltigen Steintrümmern und als Hintergrund dieser

Seitenkoulissen eine prächtige, im ungetrübten Sonnenglanz der Sonne Central-Asiens erstrahlende Gletscherwelt, der wir rastlos, wenn auch nur langsam und mühselig zustrebten, da unsere Pferde in dem gigantischen Blockgewirr nur vorsichtig vorzurücken vermochten. Ich selber war in Folge der Routenaufnahme und des Steinklopfens in dieser grossen Natur bald allein mit mir selber und dem mich begleitenden Kirgisen. Die übrigen Expeditions-Mitglieder waren weit voraus, und so kam es, dass ich sie überhaupt in dem unübersichtlichen Terrain völlig verlor. Dies war indessen nur zu meinem und der Expedition Vortheil, denn ich gelangte infolgedessen bis an den Fuss des fünften und letzten grossen Gletschers, während die anderen nur bis zum ersten Gletscher, den Saposchnikow nach Höhenlage und Länge mit dem Theodolith vermessen wollte, gingen. Wie nicht anders erwartet werden konnte, stellte sich der ganze Thalhintergrund des Turgen-Aksu-Thales in der That als in Eis gebettet dar, und der höchste an jenem Tage bei bereits sinkender Sonne erreichte Punkt lag in 3500 m Meereshöhe am Fusse eines beträchtlichen Gletschers, aus welchem der Turgen-Aksu entsprang.

Nachdem ich mich sattgesehen hatte an diesem prächtigen und wilden, einsamen Bilde asiatischer Hochgebirgsnatur, einige photographische Aufnahmen gemacht und meinen Kirgisen zu dessen hellem Erstaunen durch meinen vorzüglichen, ihm wie ein Wunder vorkommenden Feldstecher hatte sehen lassen, machte ich mich auf den Heimweg und traf zu meiner Freude bald wieder auf meine Kameraden, was mir insofern angenehm war, als die Dunkelheit schnell hereinbrach und das Ueberschreiten des zufolge des sehr warmen Tages stark angeschwollenen Bergwassers stets in grösserer Anzahl leichter und einfacher ist, als allein oder zu zweien. Sind nämlich mehrere Pferde im Fluss, so halten sie sich gegenseitig und bilden mit ihren Leibern Wellenbrecher, welche das Stürzen in der starken Strömung und auf den unberechenbar steinigen Flussbetten verhindern.

Damit hatten wir die Probleme gelöst, welche wir uns im Turgen-Aksu-Thale gesteckt hatten, und auch unsere Botaniker waren zufrieden mit der Ausbeute an alpinen Wiesenblumen dieser prächtigen Gebirgsmatten, auf denen das in unseren Alpen bereits so selten gewordene und theuer bezahlte Edelweiss in einer herzerfreuenden Menge und Schönheit vorkam.

Dieses immerhin landschaftlich schöne und uns an alpine Bilder gemahnende Aussehen des Nordhanges des centralen Tiën-schan sollte sich aber bald ändern, als wir am 1. Juli vom Turgen-Aksu-Thal aus über den 4055 m hohen Kara-kir-Pass in das Thal des

Ottuk und von dort in das Külu-Thal weiter gen Süden vordrangen. Hier lagen die Thalböden bereits zum grössten Theil oberhalb der Waldgrenze, und die vorherrschende Formation der Vegetation war neben sumpfiger Alpenwiese dürre armselige Hochsteppe. Auch für die nunmehr uns erwartenden hochgelegenen und schwer passirbaren Pässe bot der Kara-kir-Pass einen recht guten Vorgeschmack, denn der Weg über ihn führte hinauf auf einer unglaublich steilen, aus bis in das kleinste Atom verwitterten Thonschiefer bestehenden gewaltigen Schutthalde. Dass die Pferde diesen Pass mit unserem schweren Gepäck und schliesslich auch mit uns als ihren Reitern haben passiren können, musste ich aufrichtig bewundern. Es war ein Zeichen für die Ausdauer und Zähigkeit dieser Thiere. Bei jedem Schritt vorwärts rutschte das keuchende, schwer athmende Thier einen halben Schritt zurück. Anfangs konnte ich dies nicht mit ansehen und stieg ab; aber bald sollte ich erkennen, dass bei der dünnen Luft in dieser grossen Höhe und bei dem gleitenden Schutt ausser sich selber noch ein Pferd den Berghang hinaufzuziehen, ein Ding der Unmöglichkeit ist.

Vom 2. bis 7. Juli bezogen wir sodann ein Standquartier im Külu-Thal und machten von dieser augenblicklich (im Sommer) nicht einmal von den wandernden Kirgisen bewohnten Hochfläche aus eine Reihe von Exkursionen, welche freilich theilweise arg von der nun einsetzenden ungünstigen Witterung beeinträchtigt wurden. Unser Lager, welches ausser unseren Zelten aus 3 Jurten bestand, welche uns und unseren Kirgisen eine hinreichende Unterkunft boten, stand hier in ca. 2850 m Höhe, und wir hatten dort fast täglich bei sehr niedrigen Temperaturen (bis 2 und 3° C) unter Schnee und Hagelburanen zu leiden. Diese ungünstige Witterung, welche stets von Westen heraufzog, beeinträchtigte die Fernsicht und trug auch nicht zur Gemüthlichkeit des Lagerlebens bei. Besonders nachts waren die niedrigen Temperaturen empfindlich, und ich schätzte mich glücklich ausser meinem prächtigen kaschgarischen Ziegenpelz auch mein getreues Feldbett bei mir zu haben und nicht wie unsere Kirgisen Nacht für Nacht auf der kalten Erde liegen zu müssen. Oft fanden wir das Lager morgens beim Erwachen trotz des Monats Juli und der blühenden Alpenmatten-Vegetation ringsum in Schnee gebettet.

Das Külu-Thal selber bot mir in unmittelbarer Umgebung des Lagers höchst interessante Probleme. Besonders waren deutlich erkennbare Terrassen von ganz erstaunlicher Mächtigkeit und grosser Regelmässigkeit Gegenstand meines Interesses und meiner Beobachtung. Wie ich später mit Sicherheit glaube erkannt zu haben, hängen diese mächtigen Flussterrassen-Bildungen mit der einstigen intensiven Vergletscherung des Külu-Thales zusammen und scheinen sie zum Theil nichts weiter zu sein, als die grossartigen Schotterablagerungen der Schmelzwasser früher weiter ausgedehnter Gletscher im oberen Theil des Külu-Thales. Dass letzterer in der That prächtig erhaltene Moränen, Gletscherschliffe und Rundhöcker überall aufweist, davon konnte ich mich zum Beweise meiner Annahme auf der am 8. Juli bei günstiger Witterung unternommenen interessanten Tour über den vergletscherten Külu-Pass in das bisher wenig bekannte Irtasch-Flussgebiet überzeugen. Ich habe die alten Moränen und Gletscherspuren in diesem Thal sorgsam kartirt und fand im Hintergrund desselben nicht weniger als 7 zumeist recht bedeutende Gletscher. An dem letzten derselben mussten wir, um zur Passhöhe des nach meiner vorläufigen Berechnung 4069 m hochgelegenen Külu-Passes zu gelangen, eine zeitlang entlangziehen und zwar auf seiner mit Schnee bedeckten Seitenmoräne, um sodann einen noch steileren Thonschiefer-Schutthang, als am Karakir-Pass, zu erklettern und zwar dieses Mal im tiefsten Schneegestöber und bei 5° C Kälte. Ich war wie gewöhnlich durch meine Routenaufnahme mit meinem Kirgisen wiederum soweit zurückgeblieben, dass ich die Passhöhe zusammen mit unserer langsamer vorwärtskommenden Lastkarawane erklomm. Mein Pferd war so erschöpft (wir waren seit 8 Uhr morgens bis zum Pass um 6 Uhr 50 Minuten abends ununterbrochen im Sattel), dass es absolut unmöglich wurde, reitend den Pass zu nehmen. Ich musste also hier absitzen und trotz ungünstiger Witterung und schlechten Anstieges mein Pferd hinter mir auf dem Frischschnee der Schutthänge hinaufziehen. Dabei liess mich die grosse Höhe und Steilheit des Anstieges kaum zu Athem kommen. Lunge und Herz arbeiteten ganz unheimlich schnell und verlangten gerade so wie mein braves Reitthier alle Augenblick Ruhe und Stillstehen. Auf diese Weise brauchten wir zu dem in der Luftlinie wohl kaum 1 km betragenden letzten Steilanstieg oberhalb des Gletschers fast 2 Stunden. Schlimmer noch erging es den Packpferden. Sie wankten völlig erschöpft unter den erbarmungslosen Peitschenhieben ihrer kirgisischen Führer ihres Weges, bis sie endlich unmittelbar unterhalb der durch eine wohl 5 m hoch überhängende Steilwand aus Eis und Schnee gebildeten Passhöhe zum Theil in dem hohen Schnee tief versanken, zum Theil in ihm vor Erschöpfung umfielen. Es kostete die Kirgisen viel Mühe, diesen letzten kritischen Punkt inmitten des Schneegestöbers zu nehmen!

Während bis dahin die dichten grauen Schneewolken jede Aussicht verhüllt hatten, öffnete sich plötzlich hier oben auf einige wenige Minuten der dichte Wolkenvorhang, und wie zur Belohnung für alle Mühen hatten wir einen kurzen, aber effektvollen wolkenumrahmten Blick auf das Schnee- und Firneismeer, welches diesen hohen und schwierigen Pass umgiebt. Ich gebe mich der Hoffnung hin, dass das Licht in diesem kurzen Augenblick genügt haben wird, um 2 effektvolle Photographien unserer im Schnee steckenden Karawane und der Situation des Passes aufzunehmen.

Nachdem sodann jenseits der hohen Firnschneemauer noch sämmtliche Pferde unter uns bis über den Bauch im Schnee versunken waren, konnten wir endlich um 7 Uhr zum Abstieg schreiten, immer im dichtesten Schneegestöber. Es wurde völlig dunkel bevor wir an den Kirgisen-Aul kamen, welcher in der Tiefe des jenseitigen Thales lag, und es war fast ungeheuerlich, in dieser werdenden Finsterniss und umhüllt von dichtem Schneetreiben plötzlich zu bemerken, dass wir auch noch auf der entgegengesetzten Passseite einen Gletscher zu passiren hatten, in dessen Schneedecke jeden Augenblick das Pferd stürzend einsank. Und wie um das Maass des Eigenartigen dieses Tages voll zu machen, überraschte mich plötzlich an der linken Thalwand, bereits lange nach Sonnenuntergang, um 8½ Uhr, eine geradezu geisterhafte, ihrer Ursache nach mir völlig unerklärbare Beleuchtung. Es sah aus, als ob diese ganze schneebedeckte Thalwand plötzlich im Silberschein des Mondes erglänze. Und doch lehrte ein Blick in das schwarze Schneegewölk ringsum, dass davon nicht die Rede sein konnte und dass höchstens auf eine, mir wie gesagt völlig unerklärbare Weise, durch einen Wolkenriss die untergehende Sonne die gespenstische Beleuchtung hatte hervorzaubern können. Ich beugte mich stumm vor dem mir Unbegreiflichen! Auch Saposchnikow hatte kurz vor mir reitend diesen eigenartigen Lichteffekt gesehen, ohne eine Erklärung, wohl aber Analoga aus seinen Erlebnissen im Altai zu finden.

Als ich um 8½ Uhr in den verschneiten Aul kam und in eine der niedrigen Kegelhütten desselben kroch, nass von dem schmelzenden Schnee und völlig ausgehungert (nur ein Tschai mit trockenem geröstetem Schiffszwieback war uns mittags gegönnt worden), da war ich in der That recht erschöpft. Und doch wurde nach kalter Nacht bereits am nächsten Morgen um 8 Uhr in der Richtung zum Irtasch-Thal aufgebrochen. Um 11 Uhr traten wir in dieses weite und flachbodige Tiën-schan-Hochthal ein, welches einen ähnlichen Charakter trug, wie das Külu-Thal nahe unserem letzten Standquartier. Und auch in diesem Thale, auf dessen Boden wir am 9. Juli nachmittags nach 8stündigem Ritt unsere Zelte aufschlugen, konnte ich die gleichen unzweifelhaften Einwirkungen einer intensiven alten Vergletscherung nachweisen und die gleichen kolossalen Schotter-Terrassen, wie im Külu-Thale, wiederfinden. Typische Photographien werden alles dies einst demonstriren. Aber öde, unsagbar öde war das landschaftliche Bild dieses Thales und völlig alles Menschenlebens bar. Nicht einmal eine einzige armselige Kirgisenjurte! Eine grosse, weite, durch die rapide wachsende Ungunst des Klimas einer völligen Erstarrung entgegeneilende Gebirgswelt! Dabei alles Bizarre und Gigantische bereits im Wandel der Zeiten abgeschliffen und eingeebnet, ein Theil einer sicherer Vernichtung verfallenen gewaltigen Gebirgsruine!

In diesem weiten Irtasch-Hochthale, über dessen Morphologie, Hydrographie und Nomenklatur meine Routenaufnahme Näheres enthält, zogen wir nun am 10. Juli weiter bis zu einem kleinen Seitenthal „Ütsch-kul", durch welches wir von Süd nach Nord in das Innere des Külu-tau vordringen wollten, um einen hohen Berg zu suchen, von dessen Existenz mir Dr. von Almasy in Graz unter dem Namen „Pik Eduard" berichtet hatte und von welchem auch die dortigen Kirgisen als von einem dem Khan-Tengri an Höhe nicht nachstehendem Riesen erzählten. Wir fanden denn auch diesen gesuchten Berg, und ich konnte bei völliger Klarheit der Luft seine Lage durch Peilung in meine Routenkarte eintragen, während Saposchnikow seine Höhe mit dem Theodolithen vorläufig auf ca. 5200 m bestimmte, also immerhin eine beträchtliche, wenn auch dem Khan-Tengri bedeutend nachstehende Erhebung. Von dem eindrucksvollen Berg, der uns, die wir auf dem Terekty-Pass standen, seine unnahbare Steilseite zukehrte nahmen wir mehrere Photographien, wohl die ersten, welche von ihm gemacht worden sind. Ausser der Auffindung dieses Berges, war für mich geologisch höchst interessant das bis auf den ca. 3800 m hohen Terekty-Pass hinaufreichende Vorkommen der von mir in meiner Morphologie des Tiën-schan als sogenannte Hanhai-Schichten zusammenfassend besprochenen rothen Seeablagerungen.

Am nächsten Tage entdeckten wir sodann im Terekty-Quellgebiet zwei grosse, einst gleichfalls viel weiter ausgedehnt gewesene Gletscher, welche ich in mein Croquis einzeichnete und welche Saposchnikow mit dem trefflichen kleinen und handlichen Hildebrandt'schen Reise-Theodolithen, ein Universal-Instrument im besten Sinne des Wortes, vermass. Hier wie an anderen Stellen haben Saposchnikow und ich uns also in Bezug auf die kartographischen

Aufnahmen vortheilhaft ergänzen können. Während seine vereinzelten Messungen an Gletschern und dominirenden Berghöhen ohne meine Routenaufnahme ohne Zusammenhang miteinander geblieben wären, können sie jetzt einen festen Rahmen erhalten und sind für das definitive Kartenbild von grösstem Werthe.

Nach diesen Arbeiten am Terekty-Pass zogen wir am 12. Juli zum Pass Ischigart und genossen von hier bei günstiger Witterung einen umfassenden Rundblick auf die letzte und südlichste Randkette des Tiën-schan gegen das Tarim-Becken, den Koktal-tau. Weiter nach Süden vorzudringen verbot die Zeit und weiter nach Osten die Unmöglichkeit, den jetzt stark angeschwollenen Sary-dschass zu überschreiten. So mussten wir denn leider auf demselben Wege und noch einmal, jetzt freilich bei g u t e m Wetter, über den unbequemen Külu-Pass zurück und kamen am 14. Juli wieder an der Stelle unseres alten Standquartiers im Külu-Thale an. Ich persönlich war froh, dass ich aus dieser Campagne mit gesunden Knochen davon gekommen war, denn am 12. Juli hatte ich bei der Rückkehr vom Ischigart-Pass einen Unfall, welcher leicht unglücklich hätte enden können. Mein Pferd, welches von der anstrengenden Tagestour etwas erschöpft war, hatte nämlich die Freundlichkeit, ganz unangemeldet, mitten in einem ziemlich scharfen Trabe, zu stürzen. Ehe ich mich auch nur besinnen konnte und den Zügel anzuziehen vermochte, lag das Thier und zwar auf dem abschüssigen Terrain eines Berghanges, infolgedessen sich mehrfach überschlagend und mich nach vorne über den Kopf in den Sand setzend. Obgleich ich direkt auf den Kopf fiel, ging der schwere Sturz ohne Folgen ab. Nur meinen Nacken fühlte ich noch mehrere Tagen und den Kopf konnte ich anfangs nicht drehen. Diese Tour vom 8.—14. Juli hatten übrigens ausser Saposchnikow und mir nur noch Welishanin und Knjásew mitgemacht; Popów und Ssemёnow waren unterdessen mit dem Rest der Karawane zum Sary-dschass weitergezogen und dort trafen wir mit ihnen am 14. Juli beiderseits munter und wolbehalten wieder zusammen und zwar zu rechter Zeit. Denn unser Proviant war ausgegangen. Wir hatten keinen Zucker und Tschai mehr und selbst das sonst nie fehlende steinharte, nur mit dem Hammer zu bearbeitende, in Thee eingeweicht aber immerhin sehr schmackhafte geröstete Brod war zu Ende. Bei dem Gros der Karawane fanden wir aber alles dieses wieder in genügender Menge vor und konnten uns rüsten, s o f o r t den nächsten und letzten Abschnitt unserer Tour im eigentlichen centralen Tiën-schan, den Vorstoss zum Massiv des Khan-Tengri zu unternehmen.

Am Morgen des 15. Juli rückten wir zu dieser Tour aus und kamen im Laufe des Tages, leider bei strömendem Regen, Kälte und Schneefall, an der zum nächsten Lager bestimmten Stelle im Sary-dschass-Thal an. Da es uns darauf ankam, möglichst rasch und möglichst weit in diesem Thale aufwärts bis zu seinen Quellen und damit bis zum Fuss des eigentlichen Khan-Tengri-Massivs zu gelangen, zogen wir am nächsten Tage weiter bis zum Fuss des Kakpak-Passes. Hier rasteten wir einen Tag, denn hier, dicht unter dem Pass sollte letzthin fossilreiches Tertiär gefunden worden sein. War dieses Tertiär wirklich vorhanden, was ich zunächst bezweifelte, so wäre es von hohem Interesse gewesen, von dort Fossilien mitzubringen. Ich fand jedoch trotz eifrigsten Suchens von diesem an Austern angeblich reichen Tertiär nicht die geringste Spur, nur geologisch sehr alte Schiefer und an Produktus reichen grauen dichten Kohlenkalk. Enttäuscht kehrte ich in's Sary-dschass-Thal zurück und folgte unserer Karawane, welche mittlerweile noch weiter quellaufwärts gerückt war und ein Standquartier an der Mündung des Aschu-tör in ca. 3500 m Meereshöhe, bereits ringsum mit dem Blick auf zahlreiche Gletscher des Khan-Tengri-Massivs, bezogen hatte. Hier blieben wir vom 18. bis 21. Juli, leider wenig von der Witterung begünstigt. Tag für Tag kamen vom Westen schwere Wetter herauf, und wenn es am Morgen klar war, so konnte man mit Sicherheit darauf rechnen, am Mittag bereits völlig von Regen und Schnee durchnässt zurückzukehren. Unsere Exkursionen, die hauptsächlich der Aufsuchung eines hochgelegenen und guten Aussichtspunktes für den Khan-Tengri und seine Umgebung, sowie der Begehung des Sseménow-Gletschers und seiner kartographischen Aufnahme galten, mussten also diesen unwirthlichen Witterungs-Verhältnissen möglichst angepasst werden. Und in der That gelang es uns trotz alledem unser Ziel zu erreichen. Zunächst machten wir gleich am 18. Juli mit Eispickel bewaffnet eine Tour auf den anscheinend grössten, der aus dem Khan-Tengri-Massiv hervorquellenden Gletscher, den Sseménow-Gletscher, welcher dem eigentlichen Sary-dschass die Entstehung giebt. Dieser Gletscher ist in seinem ganzen Aeusseren ein höchst interessanter Typus und gewissermassen der ad oculos demonstirte Beweis für die gewaltigen Klima-Veränderungen, welche hier mit der wachsenden Tendenz zu völliger Austrocknung im Tiën-schan vor sich geht. Zunächst ist das Thalgebiet des Sary-dschass vor seinem heutigen Ende nichts weiter, als ein einziges grosses Moränen-Schuttfeld mit 3 grossen deutlich erkennbaren alten bogenförmigen Endmoränen; sodann ist der heutige untere Gletschertheil nichts weiter, als eine gewaltige, mit feinem Grundmoränen-Schlamm und grösseren Gesteinsbrocken völlig imprägnirte und schmutzig schwarz-grau gefärbte abschmelzende Eismasse, und endlich ist der heutige Gletscher selber, soweit wir ihn in seinem unteren Theil begangen haben, durch die hochgradige Abschmelzung in eine vollständige Eishügellandschaft von höchst unregelmässiger Oberflächengestaltung aufgelöst. Mächtige klaffende Spaltensysteme gähnen bis in grosse Tiefen plötzlich vor dem Wanderer, ganze Flusssysteme von grünlichem, krystallklarem Schmelzwasser strömen mit starkem Gefälle auf dem Eise dahin, stürzen gurgelnd als Wasserfälle in Eislöcher oder bilden stille, ruhige, unter dem Eis abfliessende Gletscherseen. Diese Konfiguration der Gletscheroberfläche macht eine Begehung durch das ewige Auf und Nieder und die Umgehung der vielen Spalten, Flüsse und Seen zu einer ziemlich mühsamen, wenn auch zur Hochsommerzeit bei abgeschmolzener Oberflächen-Schneedecke ziemlich gefahrlosen, welche das Anseilen unnöthig erscheinen liess. Ist freilich eine nicht schrittfeste Schneedecke über diese Eishügel-Landschaft gedeckt, so dürfte die Begehung eine sehr gefahrvolle sein, da man dann die Spalten und Eislöcher schlecht wird erkennen können. An beiden Seiten wird dieser eigenartige Sseménow-Gletscher nach meiner Kartirung rechts von nicht weniger als 11 und links von 4 stellenweise recht stattlichen Seitengletschern begleitet, welche sich einstmals mit dem Hauptstrom zu einem einzigen gewaltigen Gletscher vereinigt haben werden, heute aber theilweise bereits im Gebiet der alten Endmoränen münden, theilweise in stufenförmigem Abfall aus höher als der heutige Gletscher gelegenen Mulden zu diesem herabhängen und somit auch ihrerseits erkennen lassen, wie weit der Hauptgletscher bereits gegen früher zurückgegangen ist.

Das gute Wetter, welches sich im Laufe des Morgens, entsprechend der schnellen Witterungs-Veränderlichkeit im Tiën-schan überhaupt, auch an diesem Tage zu unserer Freude entwickelt hatte, genügte, um auch einen Blick in den Firn-Hintergrund dieses Gletschers zu werfen und dort einige hocherhobene Spitzen zu erkennen, von denen die eine vermuthlich der Khan-Tengri selber gewesen sein wird. Dann freilich um ca. 2 Uhr zog sich ein dichter Wolkenvorhang vor das prächtige Panorama, und ein kräftiges Schneegestöber begann uns zum Rückzug zu zwingen. Bald wandelte sich der Schnee in Regen um und fiel so dicht, dass es unmöglich wurde einen Tschai zu kochen. Um 6 Uhr p. m. kehrten wir daher ziemlich ausgehungert in's Lager zurück.

Die zweite wichtige Exkursion, welche wir vom Sary-dschass-Lager aus unternahmen, galt der Ersteigung eines etwa 3900 m hochgelegenen Aussichtpunktes im Quellgebiet des Aschu-tör (am 20. Juli), welcher uns einen vollständigen Ueberblick über die gewaltige, vereiste Sary-dschass Hochkette gewährte und uns den lang ersehnten Blick auf den gigantischen Khan-Tengri vermittelte. Wahrhaftig, als wir hier oben standen und fast wolkenlos das mächtige Gebirgspanorama vor uns lag, konnte ich nicht anders: ich musste aus voller freudiger Brust einen deutschen Jodler hinausschmettern, den einzigen, den ich während meines früheren Aufenthalts in Baierns Bergen den Sennerinnen abgelauscht hatte und den diese menschenleeren eisigen Bergriesen wohl zum ersten Male gehört haben werden. Dann aber ging es mit fieberhafter Eile an die Arbeit, um das ganze Panorama zu photographiren, es in seinen Kontouren zu zeichnen, anzupeilen und zu vermessen; denn schon ballten sich über den Firnmeeren die Wetterwolken und der Khan-Tengri dampfte wie ein gewaltiger Riesenschlot. Die Zeit genügte, um alles zu erledigen, und als wir um ca. 12½ Uhr unsere Apparate einpackten, da hatten wir in unserem Photographenkasten Bilder und in unseren Notizbüchern Zahlen, welche uns nicht um vieles Geld feil waren. Die in Eile bei Rückkehr in's Lager vorläufig gemachte Berechnung der Höhe des Khan-Tengri ergab rund 6870 m, gegenüber der früheren Schätzung auf 7200 m, und eine Entfernung von unserem Standpunkt von etwa 30 km. Was freilich zwischen uns und diesem Bergriesen innerhalb dieser Dreissig-Kilometer-Zone lag, das war nichts als Eis und Schnee, unnahbar, menschenleer und menschenfeindlich, nur zu bezwingen mit der entwickelsten Technik moderner Hochalpinistik, über welche zu verfügen uns nicht beschieden war. Uns genügte, und uns musste genügen, dieser Blick in die unentweihte Reinheit der Hochgebirgsnatur, in die der „Hauch der Grüfte" nicht emporsteigt.

Ausser dem Khan-Tengri-Gipfel selber zeichneten und vermassen wir noch 3 weitere über 5000 m hohe Berge in der gleichen Kette, alle in Schnee und Eis gehüllt und alle die Centren grosser Gletschergebiete. Durch eine besondere Gunst der Umstände wurde mir persönlich noch ein Mal am 21. Juli der Anblick des Khan-Tengri-Massivs zu Theil. Während nämlich Saposchnikow an diesem Tage mit seinem Theodoliten vom Standquartier aus an das andere Ufer des Sary-dschass ging, um von dort den Ssemënow-Gletscher so weit wie möglich zu vermessen und seine geographische Breite zu bestimmen, liess mir der Gedanke, dass ich das jüngst am Kakpak-Pass mit soviel Bestimmtheit geschilderte Tertiär nicht hatte finden können, keine Ruhe. Ich ging daher allein, nur von einem Kirgisen begleitet, zum zweiten Mal zum Kakpak-Pass und konnte dort nun in der That konstatiren, dass hier ein Irrthum vorliegen musste. Man hat anscheinend den dort lagernden grauen Kalk mit unzähligen Produktus-Schalen für Tertiär gehalten, während er zweifellos dem Carbon angehört, also sehr alt ist. Neben diesem Resultat gelang es mir aber, wie schon erwähnt, einen zweiten Aussichtspunkt für das Khan-Tengri-Massiv in 3860 m Höhe neben dem Kakpak-Pass zu erklimmen und von hier noch einmal sämmtliche Hochgipfel, welche ich bereits Tags zuvor im Aschu-tör-Thal gesehen hatte, anzupeilen. Ich werde daher für diese Gipfel bei meiner Routen-Konstruktion Schnittpunkte und damit die Lage derselben erhalten. Ein kleines Abenteuer freilich sollte mir beim Abstieg von dieser Höhe nicht erspart bleiben. Es war nämlich der Hang des Plateaus, auf welchem der Aussichtspunkt lag, überschüttet von einem tiefgehend verwitterten und von den Schneeschmelzwassern wie ein Schwamm vollgesogenen Schiefertrümmern, sodass die ganze Schuttmasse bei jedem Schritt in eine gleitende Bewegung, wie ein dicker Brei, gerieth. Mein Reitpferd ging auf diesem Boden so unsicher, dass ich abstieg und das Thier führte und meinem Kirgisen rieth, dasselbe zu thun. Er that es auch und schritt vor mir mit seinem Thier am Halfter her. Trotzdem ich ihn verschiedentlich auf die Gefährlichkeit der Situation aufmerksam gemacht, glaubte er, weiter absteigen zu können. Da aber kamen wir an ein thauendes Schneefeld, und als der Kirgise mit seinem Pferde dasselbe zu traversiren versuchte, glitt das Thier aus und stürzte, sich mehrfach überschlagend, den Steilhang hinab und unten so unglücklich auf einen Stein, dass ihm ein wohl tellergrosser Fleischfetzen aus dem linken Schenkel gerissen wurde. Ich liess den Kirgisen zunächst zu seinem zitternden, schwer verwundeten Pferd hinabsteigen und ging dann selber mit meinem Pferd den gekommenen Weg zurück, um einen geeigneteren Abstieg zu suchen, was auch unschwer gelang. Im Lager wurde dann das verunglückte Thier von unserem Mediziner, Herrn Popów, kunstgerecht vernäht und während der nächsten Tage ohne Gepäck neben der Karawane hergeführt.

Am 22. Juli brachen wir sodann unser Lager am Aschu-tör ab und überschritten den ebenfalls völlig vergletscherten über 3900 m hochgelegenen Naryn-kol-Pass, wobei wiederum Schnee und Eis für das Vorwärtskommen, besonders der Lastpferde, grosse Schwierigkeiten boten. Am 23. Juli hielten wir im Beian-kol-Thal, überschritten unter nicht geringen Schwierigkeiten den hochangeschwollenen

Ala-aigir (einen Zufluss des Beian-kol) und kamen am 24. Juli in der kleinen russischen Ansiedelung Naryn-kol (Ochotnitschnij) an. Damit war eigentlich der Hauptheil dieses Abschnittes der Reise beendet und nun ging es, zunächst noch zu Pferde, in beschleunigtem Tempo auf der Poststrasse über das Tekes-Thal nach der kleinen Siedelung Karkará und von dort in dem gefürchteten Tarantass nach Dscharkent.

Karkará bot noch viel des Interessanten, denn hier thut sich in den Monaten Mai bis September eine vollständige, ephemere Jahrmarktsstadt auf, ein verkleinertes Abbild der Messe von Nishnij Nowgorod in's Kirgisische übersetzt. Um eine breite und bedenklich schmutzige Hauptstrasse sind Bretterbuden der Verkäufer aller erdenklichen Bedarfsartikel aufgeschlagen und rings um dieselben hat sich eine komplete kirgisische Jurtenstadt von vielen Hunderten von Jurten angesiedelt. Vor Allem bringen hier die Kirgisen Schafwolle und Felle zu Markt und verkaufen sie zu vielen Tausenden an die russischen Aufkäufer, welch' letztere besonders 4 grosse Firmen aus Saratow, Prshewalsk und Wjernyj vertreten. Das interessante Strassenbild mit den zahllosen auf Pferden und Ochsen reitenden Kirgisen hielt ich in einigen effektvollen Bildern fest.

Am 28. Juli begann die Postfahrt von Karkará über den Temurlik-tau in das Ili-Thal, welche bei unglaublichem Staub, über 30° C Schatten-Temperatur und mit dem bereits eingangs erwähnten unfreiwilligen Aufenthalt auf einer weltverlassenen Poststation, unsere Expedition in verschiedenen Abtheilungen bis zum Nachmittag des 31. Juli glücklich und völlig programmässig nach Dscharkent brachte.

Hier in Dscharkent sind wir in dem leerstehenden Hause des Ujesdnij Natschalnik trefflich und bequem untergebracht, können unseren Proviant erneuern, unsere Sammlungen verpacken und alles für die am Dienstag, den 5. August, früh beginnende Fahrt in den Dsungarischen Ala-tau vorkehren. Ein Pass zur eventuellen Ueberschreitung der chinesischen Grenze ist gleichfalls besorgt, dagegen von dem beabsichtigten Besuch Kuldscha's aus Zeitmangel Abstand genommen. Hier ist es sehr heiss, 38—40° C in der Sonne, sodass ich nur im Khaki-Anzug und dünnem Tropenhemd aushalten kann. Die Stadt trägt schon den Stempel des Chinesischen an sich und ihre Einwohner sind chinesische Dunganen. Gestern haben wir das erste echt chinesische „Stäbchen"-Frühstück mit mindestens 25 verschiedenen Gerichten eingenommen, für einen deutschen Magen eine ziemliche

Arbeit und Zumuthung. Heute werde ich meinen photographischen Apparat spielen lassen. Malerische und wirkungsvolle Bilder liegen hier im wahrsten Sinne des Wortes auf der Strasse.

Lepsinsk (Gouvernement Semirjetschensk),
29. August 1902.

Da es nicht möglich war, meine Ankunft hier auf telegraphischem Wege zu melden, so geschieht es heute brieflich. Unsere Expedition hat programmässig Lepsinsk erreicht und damit ist die hochinteressante und, wie ich hoffen darf, an wissenschaftlichen Ergebnissen reiche Expedition beendigt. Es ist ein eigenes und erhebendes Gefühl für mich, dass diese unter so vielen Zweifeln begonnene und unter so eigenartigen Verhältnissen entrirte Reise einen so allseitig befriedigenden Abschluss gefunden hat. Denn auch das letzte Drittel unserer Reise von Dscharkent bis hierher durch den Dsungarischen Ala-tau war wissenschaftlich höchst interessant, wenn nicht interessanter und bedeutungsvoller, als mancher Theil der eigentlichen Tiën-schan-Reise, z. B. das erste Drittel um den Issyk-kul. Die Gegenden der Quellen des Chorgos, Yssök, der Kora, des Aksu etc. hat vor uns überhaupt noch keine wissenschaftliche Expedition betreten und erforscht. Meine Routenaufnahme und unsere Theodolith- und Höhenmessungen, sowie photographischen Aufnahmen werden ein völlig neues Material über die horizontale und vertikale Gliederung dieses eigenartigen Gebirgslandes bringen. Aber anstrengend und streckenweise direkt gefahrvoll war diese Tour, anstrengender als viele Theile der eigentlichen Tiën-schan-Reise. So hatten wir z. B. hier im Dsungarischen Ala-tau keine warmen Jurten, sondern nur unsere Zelte zur Verfügung, was beispielsweise bei dem ungünstigen Wetter der Tour zum Kasan-kul mit Schneefall und mit über —4 ° C Nachttemperatur unangenehm fühlbar wurde. Dazu die grosse Höhenlage von 3—4000 m. Ja sogar einen feindlichen Angriff nomadisirender Kirgisen mussten wir uns am Nordabhange des Dsungarischen Ala-tau gefallen lassen. Zwar fiel nur e i n Schuss, welcher glücklich sein Ziel verfehlte, aber dieser eine genügte, um die 5 jenseits eines tiefen Thales postirten feindlichen Kirgisen schleunigst kraft unserer officiellen Eigenschaft als einer Regierungs-Expedition zu entwaffnen und ihnen die 4 Flinten abzunehmen, welche sie trotz des russischen Waffenverbotes besassen und dazu missbraucht hatten, auf uns zu schiessen. Was sich die dummen

Kerle im Uebrigen dabei gedacht haben, ist uns nie klar geworden, da wir weit zahlreicher waren. Wollten sie unsere Karawane ausrauben, was hier im Dsungarischen Ala-tau häufig vorkommen soll? Oder glaubten sie sich selber von uns bedroht? Schon nach einer Stunde sassen wir indessen fröhlich mit diesen harmlosen Räubern beim Kumys und lagerten die Nacht in ihrem Aul.

Ich bedauere aufrichtig in diesem Augenblick über den letzten Theil unserer Reise keinen ausführlichen Bericht geben zu können. Es fehlt mir momentan die Zeit dazu und morgen früh 9 Uhr wollen Prof. Saposchnikow und ich via Sergiopol auf dem Posttrakt nach Kokpekty (ca. 48° 45′ N. Br. und 82° 20′ O. L.), wo wir noch ein Mammuth-Skelett besichtigen wollen, um von da aus ebenfalls per Post bis Semipalatinsk weiterzufahren. Mir steht diese fürchterliche 7—8tägige Tarantass-Fahrerei mit all' ihrem Staub und Schmutz recht bevor, besonders da ich nicht leugnen kann, dass mich die anstrengende und rastlos von Ort zu Ort führende Reise im Dsungarischen Ala-tau ziemlich abgespannt hat. Von Semipalatinsk fahren wir dann den Irtysch abwärts per Dampfer bis Omsk und alsdann per Bahn weiter nach Tomsk. Auf dem Irtysch hoffe ich, die nöthige Zeit zu einem ausführlichen Bericht über den letzten Theil der Reise zu finden. Dass ich nicht direkt von Omsk heimwärts eile, hat vielerlei Gründe. Einmal habe ich meine Koffer und Kisten mit photographischen Platten dorthin expedieren lassen, zweitens möchte ich mit meinem Gönner und Freunde, Herrn Prof. Obrutschew (Dekan der Bergabtheilung des Technologischen Institutes in Tomsk) über einige geologische Probleme der Reise sprechen, drittens will ich möglichst schnell einen Theil meiner photographischen Platten entwickeln und schliesslich viertens muss ich dort bei der Sibirischen Bank den Rest meines Reisegeldes erheben. Anfang Oktober, so Gott will, gedenke ich nach Hamburg zurückzukehren.

An Bord des Dampfers „Wjernyj" auf dem Irtysch
zwischen Semipalatinsk und Omsk,
9—12. September 1902.

Um mir alle die Erlebnisse wieder zu vergegenwärtigen und sie brieflich niederzulegen, welche seit dem 5. August in schier erdrückender Fülle an mir vorübergezogen sind, muss ich recht tief in meinem Gehirnkasten herumwühlen. Der letzte Monat war ausschliesslich der Erforschung des wenig bekannten Dsungarischen Ala-tau gewidmet und begann für Saposchnikow und mich mit einer dreitägigen recht anstrengenden, aber lohnenden Exkursion in das Chorgos-Thal. Schon der Anfang dieser Tour war insofern strapaziös, als die Abschiedsfeier bei dem liebenswürdigen Pomoschtschnik des Ujesdnij Natschalnik von Dscharkent sich bis nachts 2 Uhr ausdehnte und wir alle Anordnungen getroffen hatten, bereits um 3 Uhr nachts per Tarantass auf der Poststrasse nach Osten bis zum Dorf Baskuntschi aufzubrechen, um von dort gen Norden im Chorgos-Thal in das Gebirge einzudringen. Da der Weg steinig und miserabel war, konnte man an Schlaf nicht denken und wir begannen die heisse Tagestour – um 10 Uhr a. m. zeigte das Thermometer bereits 28 ° C im Schatten — ziemlich übernächtigt. Zunächst befanden wir uns während des 5. August im Gebiet der Vorberge des Dsungarischen Ala-tau, welche aus ungeheuren Schutt-Ablagerungen bestehen, deren wenig gestörte Schichten phantastisch verwittern. Ich habe diese Schichten und ihre morphologisch höchst charakteristischen Verwitterungsformen hier wie an anderen Stellen besonders aufmerksam studirt, da sie mir den Han-hai-Schichten zu entsprechen schienen, über deren Vorkommen im Tiën-schan selber wie in seiner Umgebung ich mehrfach geschrieben (cf. u. a. Petermann's Mitth., 1900, Heft 1) und nachgedacht habe. An einer Stelle liegt in diesen Schichten des Chorgos-Thales ein ganz gewaltiger Granitblock, welcher in Form eines geradezu riesenhaften Erdpfeilers phantastisch ausgewittert ist und von den Kirgisen als „heiliger Stein" (Aulie-tass) einer besonderen Verehrung werth befunden wird. Wenn die Photographie dieses Blockes geglückt ist, so dürfte sie dereinst ein geologisch höchst instruktives und wirkungsvolles Bild abgeben. Im Gebiet dieser Han-hai-Schichten schlich unser sonniger und schattenloser Weg den ganzen Tag hin, ermüdend dadurch, dass ihn zahllose Querschluchten kreuzten, welche theils mit, theils ohne Wasser zum nahen Chorgos rechts des Weges hinabführten. Wir waren daher recht froh, als wir das eigentliche Gebirge erreichten und um 3½ Uhr im Oidschailau-Thal einen Kirgisen-Aul antrafen. Ganz anders wurde des Landschaftsbild am folgenden Tage (6. August), als wir 5 Uhr morgens vom Aul abritten und sofort aus dem Gebiet der wenig gestörten Han-hai-Schichten in das geologisch alte Gebirge eintraten, aus welchem schäumend und gurgelnd der reissende Chorgos hervorbricht. Einen halben Tagemarsch aufwärts liegt in dieser wilden Engschlucht eine heisse Quelle, „Arassán" genannt, welche quasi einen kirgisischen

Kurort, ein „Karlsbad" für Nomaden oder ähnliches darstellt. Bis dahin wollten wir vordringen.

Gleich Anfangs ist es nöthig am Fuss eines senkrecht abstürzenden Granitkarnises durch den schäumenden Fluss zu gehen, was einige Schwierigkeiten machte, da das Wasser den Thieren bis über den Bauch strömte. Weiterhin versperren grosse Massen abgestürzten Gesteins den Pfad und machen den Pferden wie Menschen das Fortkommen sehr sauer. Ein spitziger Fels zerschnitt an einer solchen Stelle die Fessel des Hinterfusses eines Kirgisenpferdes, sodass das Thier von da ab nicht mehr zu reiten war und geführt werden musste. An anderen Stellen klettert der Weg an unheimlich steilen und schwindeligen Klippen empor, wo selbst Kirgisenpferde den Reiter nicht hinüberzutragen vermögen und vorsichtig geführt sein wollen. Und doch will die russische Gesellschaft vom Rothen Kreuz dieses Thal für Wagenverkehr gangbar machen! Wie das möglich sein soll, mögen sich die maassgebenden Ingenieure selber überlegen, jedenfalls nur mit grossen Kosten. Dagegen könnte man leicht den Reitweg verbessern und so das Erreichen der heissen Quellen erleichtern. Dies freilich für die Kirgisen zu thun, hiesse Eulen nach Athen tragen. Diese Kerle scheinen sammt Weib und Kind alle derartigen Hindernisse anstandslos als echte Naturkinder auch ohne die moderne Technik zu passiren, wenigstens fanden wir an den Quellen eine ganze kirgisische Badegesellschaft beiderlei Geschlechts, Männlein, wie Weiblein und Kindlein, einträchtiglich bei einander. Eine elende Bretterbude diente ihnen als Hotel und die, wie im Tiën-schan, so auch hier 43° heissen Thermen waren einfach mit Granitblöcken umgeben und von einem jurtenartigen Ueberbau geschützt. Als die Badegäste hörten, dass ein Doktor angekommen sei, wollten sie hier, wie an zahlreichen anderen Orten, von mir geheilt sein, zeigten mir ihre kranken Augen, geschwollenen Glieder, mit Ausschlag behafteten Hände oder ähnliches. Ich musste bedauern, Ihnen nicht helfen zu können und darauf verzichten, ihnen den Unterschied zwischen den 4 Fakultäten zu erläutern. Jedenfalls war ich in ihren Augen ein recht thörichter Doktor! Mit dem Besuch des Quellenortes schloss unsere Exkursion zum Chorgos fürs erste.

Wir kehrten um 3½ Uhr zum Aul im Oidschailau-Thal zurück und ritten noch am selben Nachmittage ununterbrochen gen Westen an den Süd-Abhängen des Dsungarischen Ala-tau entlang, um den Rest unserer Karawane, welcher diese Tour nicht mitgemacht hatte, am Flusse Tyschkan bei einem russischen Militär-Feldlager zu erreichen. Diese Absicht konnten wir indessen nicht völlig durchführen, da die hereinbrechende Nacht so finster war, dass wir um 8½ Uhr abends beschlossen, in einem Kirgisen-Aul zu übernachten und am nächsten Morgen in aller Frühe weiter zu reiten. Mit nur 2 Stunden Mittagsrast waren wir also von 5 Uhr morgens bis 8½ Uhr abends im Sattel gewesen! Dabei hatte ich persönlich das Pech, als bei der Routenaufnahme wieder einmal Zurückgebliebener, die Furt über den Tscheshin-bulak zu verfehlen und so mit meinem Pferd in ein tiefes Strudelloch zu stürzen. Nass wie ein Pudel musste ich in der frischen Abendluft weiterreiten. Und doch hat mir weder hier noch bei anderen Gelegenheiten, wo ich von Schnee und Regen bis auf die Haut durchnässt worden war, jemals etwas gefehlt. Ich schreibe dies vor allem der warmen und sehr praktischen und guten Reisekleidung zu, welche ich in Form von dicken Wollhemden, Strümpfen, Hosen etc mitgenommen hatte. Meine russischen Kameraden mit ihren leichteren Leinenhemden und Hosen, froren stellenweise bei solchen Gelegenheiten wie die Schneider, während ich trotz meiner Neigung zum Frösteln niemals irgendwo ernstlicher unter Kälte oder Nässe gelitten habe.

Am Morgen des 7. August trafen wir wieder mit dem Rest unserer Karawane zusammen. Hier im russischen Feldlager am Tyschkan fanden wir auch endlich den heisserseh nten Friseur, russisch „parückmacher" genannt, in Gestalt eines Kosacken. Unter seinen kunstverständigen Händen fiel auf einem Stuhl im freien Feld das Plus an Bart und Haupthaar, welches uns bis hierher geziert hatte. Es war die reinste Schafschur, ein Bild für die Götter! Dann begann ein neuer arbeitsreicher und schwieriger Theil unserer Reise. Es galt das Bergland im Quellgebiet des Chorgos, dessen Unterlauf bis zur heissen Quelle wir ja bereits kannten, kennen zu lernen, und zwar gewissermassen von hinten, vom Rücken her. Wir zogen zu diesem Zwecke zunächst während des 7. August in den öden und kahlen Vorbergen im Gebiet der „Han-hai-Schichten" vom russischen Feldlager am Tyschkan aus direkt gen Westen bis zum Grossen Yssök, dessen Thal ungemein steil und tief in diese Ablagerungen eingesägt ist; dann während des 8. August bis zum Kleinen Yssök und in einem Thal nach Norden in's Innere des Gebirges. Namen und Lage dieser und zahlloser anderer Flüsse und geographischer Objekte auf dieser Tour findet man auf keiner Karte verzeichnet, jedenfalls nicht richtig, sodass alles Material, welches ich für den Süd-Abhang des Dsungarischen Ala-tau in meiner Routen-Aufnahme sammeln konnte, völlig neu und wissenschaftlich für die Geographie ein Gewinn sein dürfte. Die russische 1 : 40 Werst-Karte ist sehr klein, oberflächlich und an Detail arm. Die Petermann'sche Karte zu Sjewerzow's Reisen, nördliches Blatt, aus Petermann's Mittheilungen, Ergänzungsband 1875, No. 43, ist desgleichen für den Süd-Abfall völlig verkehrt und lückenhaft, dagegen für die später bereisten West- und Nord-Abhänge bereits erstaunlich richtig und weit besser als die russische 1 : 40 Werst-Karte.

Am 9. August begann vom Quellgebiet des kleinen Yssök aus der eigentliche tiefere Vorstoss gen Norden in's Gebirgs-Innere. Im Pass Ui-tass (3600 m), welcher für Last- und Reitthiere sehr steil und beschwerlich war, überschritten wir die erste ost-westlich gerichtete Kette und stiegen nach Norden in ein weites ost-westlich gerichtetes Thal, das des Flusses Ui-tass, hinab. Hier bezogen wir ein Standlager und von hier aus begannen Saposchnikow, Popow und ich am Morgen des 10. August, nur von einem kirgisischen Dolmetscher und 4 Kirgisen begleitet, einen mehrtägigen Vorstoss (9.—13. August) weiter nach Norden in das unzugängliche Gebirgs-Innere.

Mit uns führten wir den nöthigen Proviant, Munition und das leichteste Zelt auf 2 Packpferden, dazu ein grosses Stück Hammelfleisch in rohem Zustande, da wir nicht darauf rechnen konnten, genügende Kirgisen-Ansiedelungen in diesem unwirthlichen Hochgebirge zu finden. Das schliessliche Endziel dieser Exkursion sollte der im Quellgebiet des Chorgos gelegene See Kasan-kul sein. So hofften wir, unsere Aufnahme vom 5. und 6. August mit den neuen Erfahrungen verbinden zu können. Die Kette, welche unser Lager im Ui-tass-Thal im Norden begrenzte, zog gleichfalls ost-westlich und wurde in zwei hintereinander liegenden Pässen am 10. August überschritten. Der zweite dieser Pässe, der sogen. Kleine Kabyl-Pass (3550 m), war umgeben von kleinen Hängegletschern. Der Abstieg gen Norden in ein ost-westlich gerichtetes Längsthal, das des Flusses Mundschilký, war wieder einmal der reinste Hohn auf Gangbarkeit. Es war ein phantastisch wirres Durcheinander wild über einander gestürzter Granitblöcke, über welches wir in mehrstündigem ungemein langsamen und schwierigen Abstieg uns und unsere Pferde hinabzubringen hatten. Dass dabei nichts passirte, Niemand und kein Thier Hals oder zum mindesten Füsse gebrochen hat, ist mir noch jetzt das reinste Räthsel. Dazu begann es in Strömen zu regnen und recht kalt zu werden, die ersten Anzeichen des völligen Winterwetters, welches uns in den nächsten Tagen hier in dem Hochgebirge erwartete. In strömendem Regen schlugen wir am Nachmittag des 10. August unser Zelt im Thal des Mundschilký auf, suchten Feuer anzuzünden, Tschai zu kochen und dann möglichst trocken und geschützt zu schlafen. Die ganze Nacht goss es weiter und unser leichtes Zelt war völlig aufgeweicht.

Am nächsten Morgen (11. August) war es, wenn auch dicht bewölkt, so doch trocken. Wir drangen weiter gen Norden und überschritten um 11 Uhr eine neue Ost-West-Kette im Mundschilký-Pass (3300 m) bei jetzt nur noch 7 ° C Lufttemperatur, um jenseits nach Norden in ein neues Längsthal, Dschildairýk genannt, abzusteigen, welches bereits das eine Quellthal des Chorgos war, in dessen Quellgebiet wir den Kasan-kul ja suchen wollten. Wo aber steckte dieser ominöse See. Die Kirgisen behaupteten von Stunde zu Stunde, wir würden ihn sofort erreichen. Aber weiter und weiter ging es ohne ihn zu finden. Als der Weg im Dschildairýk-Thal durch dichtes Knieholz so unwegsam geworden war, dass weder Mensch noch Thier weiter vordringen konnten, erklommen wir einen neuen Pass der linken Thalwand und hofften von oben einen Blick auf den See zu gewinnen. Alles vergeblich! Jenseits ging es in ein neues Quellflussthal des Chorgos hinab und auf der anderen Seite wieder eine steile Thalwand in die Höhe, in der Hoffnung, hinter dieser den See zu finden. Umsonst! Wieder hinab und wieder hinauf; da endlich spät abends bereits bei sinkender Sonne um 6½ Uhr standen wir auf einem Hochplateau, in welches sich ungeheuer steil uud tief der Chorgos eingesägt hatte und an dessen Basis hier tief, tief zu unseren Füssen ein krystallklarer, grüner See lag, der lang gesuchte Kasan-kul. Es war bereits so spät und dunkel, dass ich auf eine photographische Aufnahme verzichten musste.

Um 9 Uhr endlich gab es etwas zu essen und zu trinken, den ganzen Tag seit morgens 8 Uhr hatten wir nichts weiter, als etwas Kumys erhalten! Eine anstrengende Tour, welche man anstandslos nur dann erträgt, wenn jede Faser des Nerven- und Denksystems etwas zu thun und zu arbeiten hat. Und daran fehlte es wahrhaftig nicht. Als ich abends um 10 Uhr auf mein Lager sank, sollte eigentlich noch eine lange Routenskizze ausgeführt werden. Ich war dazu aber nicht mehr im Stande und verschob sie auf den nächsten Tag. Musse hierfür wurde mir in unverhoffter und wenig angenehmer Weise zu Theil. In der Nacht sank nämlich die Temperatur beträchtlich unter Null und als wir am Morgen in unserem dünnen Zelt erwachten, waren wir unter fusshohem Schnee begraben. Den ganzen Morgen und Mittag schneite es ununterbrochen und dicht, sodass unter diesen Umständen an einen Aufbruch nicht zu denken war. Der Schneefall war so intensiv, dass man nur die allernächste

Umgebung des Zeltes zu sehen vermochte, und die Last der Schneemassen auf der Zeltleinwand war so drückend, dass wir alle 10 Minuten hinaus mussten, dicht in unsere Pelze gehüllt, um den Schnee von den Leinen zu schütteln.

Bis zum Nachmittag um 3 Uhr hielt dieses Wetter an, und es fiel so viel Schnee, dass uns um die Möglichkeit des Rückweges zu unserem Standlager im Ui-tass-Thal bei der früher geschilderten Schwerpassirbarkeit der hochgelegenen Pässe unter diesen Umständen fast bange wurde.

Und doch galt es, keine Zeit zu verlieren, da nur wenig Proviant bei uns war und die zurückgebliebenen Unsrigen im Ui-tass-Thal (Welishanin und Knjasew nebst dem Präparator Nikolai) auf uns warteten. Als daher um 5 Uhr p. m. das Schneien aufgehört hatte, schlugen wir unser Zelt ab und begannen den Rückweg zum Ui-tass-Thal, um wenigstens noch an diesem Tage (12. August) bis zum Fuss des ersten Passes im Dschildairýk-Thal vorzudringen. Das Wetter war uns dazu insofern günstig, als sich gegen Abend der Himmel aufklärte, auf kurze Zeit sogar der Mond herauskam und es unter diesen Umständen möglich wurde, auch im Dunkeln weiter zu reiten. Um 9½ Uhr kamen wir am Fuss des Mundschilký-Passes an und schlugen unser Zelt auf.

Da die Nacht zum 13. August völlig klar wurde, nahm die Ausstrahlung und damit die Abkühlung der Temperatur bedeutend zu, und unser noch vom Schnee und Regen des vorigen Tages nasses Zelt fror in der Nacht bei wohl — 2 ° C knüppelhart.

Am nächsten Morgen um 5 Uhr erwachten wir fröstelnd unter unseren Pelzen, sattelten schleunigst die Pferde und packten alles zusammen um einen Tagesmarsch zu beginnen, welcher an Beschwerlichkeit das bisher Erlebte übersteigen sollte. Auf dem Wege, den wir vor zwei Tagen gekommen, ging es zunächst zurück in's Mundschilký-Thal, aber diesmal in tiefem Schnee, der überall vom gestrigen Tage her, Berg und Thal in ein einförmiges Winterkleid gehüllt hatte. Auf dem Mundschilký-Pass maass ich bei schneidendem Wind — 4° C und war froh, seinerzeit in Wjernyj meinen Pelz in kirgisischem Schnitt derartig haben anfertigen zu lassen, dass man bequem in ihm reiten konnte. Aber was für ein Reiten war das! Der Schnee hatte den steinigen Pfad dicht verhüllt. Man sah nicht wohin man trat resp. das Pferd treten lassen sollte. Alle drei Schritt rutschte das Thier, ja stürzte sogar an glatt übergefrorenen Stellen unter mir. Trotzdem war diese Passage des Mundschilký-Passes nichts gegen das, was uns am Mittag dieses

Tages am Kabyl-Pass erwartete. Schon früher habe ich das dortige Trümmermeer von Granitblöcken geschildert. Wie sollte man jetzt im tiefen Schnee die Thiere hier hinüberbringen. Das schien unmöglich. Wir beschlossen daher an Stelle des früher passirten Kleinen Kabyl-Passes jetzt den zwar höheren, aber angeblich leichteren Grossen Kabyl-Pass zu wählen. Aber wir kamen vom Regen in die Traufe! Zwar führte der Weg anfangs nahe zwei grossen Gletschern, auf deren alten Moränen relativ bequem aufwärts; dann aber verlor der führende Kirgise bei dem hohen Frischschnee den Pfad und gerieth in dem wilden Geröll, welches die alte Gletscher-Kahrmulde erfüllte, in welcher der Weg zum Passe hinaufführte, völlig auf Abwege. Wohl eine Stunde suchten wir nach einer Möglichkeit, die steile, mit Geröll überschüttete Kahrwand hinaufzuklettern und fanden endlich eine Stelle, wo weniger Felsen, dafür um so tieferer Schnee lag. Dieser Schnee trug nun wohl einen Menschen aber kein Pferd, und es begann für uns und unsere Thiere von Neuem eine ungemein anstrengende Wegstrecke. Die Pferde sanken bei jedem Schritt, ähnlich wie seinerzeit am Külu-Pass, bis über den Sattelknauf in den Schnee und waren nur unter den erbarmunglosesten Peitschenhieben zum Weiter g e h e n, nein zum Weiter s t ü r z e n zu bringen.

Als die Passhöhe (3700 m) endlich unter Stöhnen und Aechzen von Mensch und Thier erklommen war, hatten wir die grösste Schwierigkeit unseres Rückmarsches glücklich überwunden und der weitere Weg zu unserem, um 7 Uhr abends erreichten Standlager wurde anstandslos erledigt. Aber die Folgen dieses Tages kamen später. Ich persönlich hatte einen intensiven und sehr unbequemen Gletscherbrand davongetragen. Mein Gesicht und leider auch Mund und Lippen waren gleich den Ohren von den bekannten Hitzblasen bedeckt und machten mir in den nächsten Tagen und Wochen zu schaffen. Schlimmer noch war es Saposchnikow und zweien unserer Kirgisen ergangen, welche ohne Gletscherbrillen den ganzen Tagesmarsch in den blendenden Schnee- und Eisfeldern gemacht hatten. Sie hatten eine sehr schwere Augenentzündung davongetragen.

Die Unsrigen im Ui-tass-Thal waren froh uns unter diesen ungünstigen Witterungs-Bedingungen wohlbehalten zurückgekehrt zu sehen. Trotz überstandener Strapazen ging es aber bereits am nächsten Tage (14. August) morgens 9 Uhr weiter, um nunmehr über den Ui-tass-Pass aus dem Gebiet der südlichen Abhänge des Gebirges in den Bereich der westlichen Ausläufer in die Gegend des Koksu- und Kora-Thales einzutreten.

Ehe ich hierüber berichte, möchte ich indessen über das am Südabfall des Gebirges Gesehene noch Folgendes zusammenfassend bemerken. Gegenüber dem bisherigen einförmigen Kartenbild der Süd-Abhänge der Dsungarischen Ala-tau und der Auffassung nur eines, ost-westlich gerichteten Hauptrückens, zersägt von in Querthälern direkt nach Süden abfliessenden Flüssen, scheint mir nach meinen Erfahrungen ein weit komplizirteres Bild zu treten. In den von uns begangenen Gebirgstheilen haben wir es anscheinend mit einer Reihe, wahrscheinlich drei, hintereinander liegenden ost-westlichen Ketten, getrennt von ebenso vielen ost-westlich gerichteten Thälern, zu thun. Diese Ketten sind in ihren höchsten Höhen nach Saposchnikow's Theodolith-Messungen über 4000 m hoch und dürften nicht selten Mont Blanc-Höhe erreichen. Dabei ist aber ihre jetzige Vergletscherung nur eine relativ geringe. Die vorhandenen und zahlreich von uns aus nächster Nähe gesehenen, photographirten oder vermessenen Gletscher sind zum grösseren Theile nur klein, oft nur Hängegletscher ohne grössere Firnmulde und Gletscherzunge. Dagegen sind die Spuren einer alten, weit grösseren Vereisung in ihrer Einwirkung auf die heutige Morphologie des Gebirges vielleicht noch deutlicher und eindrucksvoller, als in dem höheren, daher auch heute noch tiefer im Gletschereise steckenden Tiën-schan. So wie heute die Hochregionen des Dsungarischen Ala-tau mit ihren zahllosen alten Gletscherkahren, mit ihrer gewaltigen Schuttbedecknng, mit ihren grossen Moränenwällen aussehen, so zerfressen wie seine Kammlinie sich repräsentirt, so wird dermaleinst auch der centrale Tiën-schan morphologisch aussehen, wenn seine Gletscher und Schneemassen noch weiter zurückgegangen sein werden, als dies bereits jetzt der Fall ist. Jedenfalls hat auf beide Gebirge, besonders aber auch auf den Dsungarischen Ala-tau die Eiszeit eine weit tiefergehende und einschneidendere morphologische Wirkung ausgeübt, als mir dies bisher von den wenigen Reisenden erkannt worden zu sein scheint, welche seine Höhen erblickt haben.

Ich kehre zum 14. August zurück, welcher uns über den Ui-tass-Pass auf die West-Hänge des Dsungarischen Ala-tau führte. Der Weg zu diesem Pass führt hinauf durch das typische alte Glacial-Thal des gleichnamigen Flusses bis zu den Gletschern in seinem Hintergrund. Diese Gletscher, von denen drei an den Flanken eines stattlichen 4000 m sicher weit übersteigenden Gipfels herabziehen, sind nur der kümmerliche Rest eines einst sicher gewaltigen Firn- und Eismeeres; denn das gesammte Quellgebiet des heutigen Ui-tass ist völlig unter Moränenschutt begraben und ein einziges grosses halbkreisrundes Amphitheater mit allen Spuren einer einstigen Gletscher-Firnmulde. Im Gebiet dieser alten Moränen, dicht unter einem Hängegletscher der Passhöhe, liegt ein stiller klarer Moränen-Stausee, mitten zwischen Schnee und Eis und äusserst malerisch in seiner landschaftlichen Wirkung. Einsam und still, selten von eines Menschen-Auge gesehen, aber doch nicht ohne organisches Leben!

Wirkungsvoller und schöner, als die kleinen Gletscher auf der Südseite dieses Passes sind drei grosse Gletscher auf seinem Nordhang. Sie haben eine gewaltige Seitenmoräne aus dunkelen Thonschiefertrümmern gebildet, auf deren Kamm der beschwerliche Reitweg entlang führt, hinab in das breite und schöne, völlig alpin anmuthende Koksu-Thal.

Für Saposchnikow war diese Tagestour über die Gletscher des Ui-tass-Passes (3400 m) eine wahre Tortur gewesen. Trotz doppelter schwarzer Brillen war diese neue Blendung auf den Schneefeldern für ihn so verderblich geworden, dass seine vom Kabyl-Pass her schwerkranken Augen nun völlig den Rest bekommen hatten. Als wir am Abend dieses Tages an einer malerischen Stelle des Koksu-Thales angesichts der ragenden Zinnen der Hauptkette des Dsungarischen Ala-tau und bei wirklich göttlichem, wolkenlosen Wetter lagerten, da war unser Kranker völlig blind und konnte von all der Pracht nichts sehen. Unter diesen Umständen konnten wir nicht weiter und blieben am 15. August abwartend im Lager im Koksu-Thal. Ich selber benutzte die Musse dazu, um mit Saposchnikow's Theodolit bewaffnet, die rechte Thalwand jenseits des Flusses, unserem Lager gegenüber, zu ersteigen und von dort die ragenden herrlichen Gipfel der Dsungarischen Ala-tau-Hauptkette nach Lage und Höhe zu vermessen. Saposchnikow lag unterdessen hülflos mit heissen Theeumschlägen im Zelt, dessen weisse blendende Leinenwände wir durch Belegen mit dunklen Tüchern abzudämpfen suchten. Aber weit schneller, als wir gehofft, besserte sich noch gegen Abend dieses Tages sein Zustand und zu meinem Erstaunen hörte ich am Morgen des 16. August beim Erwachen bereits seine freundliche Stimme an der Thür meines Zeltes fragen: „Was ist das höchste Glück auf Erden?" Ich ahnte sofort, was er damit meinte und sprang jubelnd von meinem Feldbett auf antwortend: „Gesund zu sein? — nein, gesund zu werden!" Und wirklich er wahr wieder gesund und konnte, wenn auch mit Schmerzen und unter dem Schutz schwarzer Brillen wieder sehen und fühlte am eigenen Körper die Wahrheit des obigen Spruches, welchen ich ihm am vorigen Abend gesagt hatte, und dessen einfach schlichte Wahrheit man wohl nirgends mehr fühlt, als wenn man in der Wildniss, fern von aller Hülfe, zuerst krank und dann wieder gesund wird.

Unter diesen Verhältnissen zogen wir dann am 16. August weiter gegen Nord-Westen über Berg und Thal hinab in die Sary-dschassyk-Gegend und dann am 17. August weiter in das Thal der Tschascha (cf. Petermann's vorher citirte Karte) bis zu der Stelle, wo sich aus seinen drei grossen Quellflüssen der Karatal bildet. Von hier reiste Saposchnikow mit einem Dschigiten am Morgen des 18. August direkt per Posttrakt nach Kopal, um dort die Vorkehrungen für die Weiterreise zu treffen, während ich mit dem Rest der Karawane nach Ueberschreitung der reissenden Kora die weiten eigenthümlichen Hochflächen querte, welche zwischen dem Kora-Thal und der Stadt Kopal liegen, und in welche der westliche Theil des im Osten so hohen und wilden Gebirges in langweiliger Monotonie ausklingt, so auf die Steppen und Wüsten vorbereitend, welche weiterhin folgen.

Der Gegensatz des geologischen Aufbaues dieser Hochflächen aus steil gestellten Thonschiefern zu ihrer völlig charakterlosen heutigen Oberfläche ist ein frappirender und zwingt zum Nachdenken. Vielleicht sind diese Hochflächen uralte Abtragungsflächen, deren Vorhandensein durchaus harmonirt mit dem vorherrschend ruinenhaften und tief verwitterten morphologischen Habitus des Dsungarischen Ala-tau überhaupt?

In der Stadt Kopal trafen wir am 19. August nachmittags ein, leider wiederum mit einem Kranken. Nikanór Alexjewitsch Knjasew hatte sich gleich Andrej Petrowitsch Welishanin in Dscharkent die Malaria geholt*). Bereits unterwegs auf der Reise nach Kopal war die Krankheit sehr peinlich bemerkbar gewesen, sodass für Knjasew das Reiten zu Pferde bei der grossen körperlichen Schwäche sehr beschwerlich war. Hier in Kopal brach er nun völlig zusammen, sodass es für ihn nicht möglich wurde an der Exkursion theilzunehmen, welche wir am 20. August zur Untersuchung der Quellgebiete des Flusses Kora antraten. Ohne Zelt und Proviant, ganz leicht, nur mit unseren Instrumenten und Apparaten bewaffnet, ritten wir von Kopal aus gen Süden in's Gebirge und standen bereits am Nachmittag desselben Tages auf den weiten Granithochflächen, in welche sich der Fluss ein höchst malerisches steilwandiges Thal

*) Auch der von Dscharkent nach Wjernyj direkt zurückgekehrte Ssemėnow hatte, wie wir später durch Brief erfuhren, die Keime dieser elenden Krankheit mit in die Heimath genommen und litt darunter noch wochenlang.

eingesägt hatte, mit Tannen prächtig bewaldet und wiederum deutlich die Spuren alter intensiver Vergletscherung an sich tragend. Moränenwälle zogen in grosser Deutlichkeit quer über das Thal hinweg, Gletscherschliffe begleiteten die Thalwände und zahlreiche alte Gletscher-Firnmulden, sogen. Kahre, öffneten sich oben an der Thalwand als sichtbare Reste der Glacialzeit. Aus einem dieser alten Gletscherkahre stürzte ein prächtiger Wasserfall steil herab, in tosendem Sturz seine Wasser mit denen der Kora an seinem Fuss vermengend. Derartige in unseren Alpen landschaftlich so sehr schön wirkende Fälle sind etwas Seltenes in diesen centralasiatischen Hochgebirgen, und wo sie vorkommen, sind sie, wie in diesem Falle, verbunden mit den Ausflüssen alter Gletscherkahre. Diese Beobachtung habe ich Gelegenheit gehabt häufig zu machen an zahlreichen Cascaden, welche die hochgelegene Kahr-Ausmündung meistens als Schmelzwässer im Hintergrund liegender Schneemassen oder kleiner Hängegletscher verlassen. Nur selten wachsen sich diese Cascaden zu echten Wasserfällen, wie hier im Kora-Thal, aus.

Die Nacht war bereits hereingebrochen, als wir eine Jurte erreichten, welche man etwas oberhalb des Wasserfalles zu unserer Verfügung errichtet hatte. Um das brennende lodernde Feuer im Innern derselben sitzend, trockneten wir uns von der Durchnässung, welche wir kurz vorher bei Ueberschreitung der sehr stark und reissend strömmenden Kora davongetragen hatten.

Bereits um 5 Uhr morgens ging es am 21. August weiter thalaufwärts, um die Gletscher zu untersuchen und zu vermessen, welche auf Grund des milchig-weissen Wassers der Kora sicher in ihrem Quellgebiet liegen mussten. Und in der That waren diese Gletscher vorhanden, aber völlig zu ihnen vorzudringen, verhinderte die knappbemessene Zeit und die Unwegsamkeit des von alten Moränen- und Verwitterungsschuttmassen dicht bedeckten Thalbodens. Wir vermochten nur in ihre Nähe zu gelangen, zu photographiren und nach Messung einer Basis mit dem Theodolith einige Aufnahmen zu machen. Dann hiess es zurück und zwar zurück bis nach Kopal, d. h. also ausser der heute (21. August) zurückgelegten Strecke auch noch die gestrige! Da war es kein Wunder, dass wir erst um 11 Uhr nachts in Kopal eintrafen. Zum Glück war die Nacht herrlich mondklar. Ich werde nie den eigenartigen Abstieg von den Höhen im Norden des Kora-Thales in die Hochsteppe um Kopal vergessen! Der Weg war so steil und steinig, dass an ein Abwärts-Reiten auf grosse Strecken nicht zu denken war, sodass wir trotz Müdigkeit und hoher unbequemer Reiterstiefel wohl zwei Stunden lang das Thier am Halfter hinter uns herziehen mussten und zwar trotz des Mondscheins im völligen Dunkel der Nacht, da der Mond so tief stand, dass er nur zwischen den Zinnen der Berge in unserem Rücken silberne Streiflichter über die Berghänge warf, im Uebrigen aber das Terrain nicht erhellte.

Mittlerweile hatte in Kopal der liebenswürdige Ujesdnij Natschalnik alles für den Fortgang unserer Expedition vorbereitet; neue Pferde und Führer standen für uns parat, damit wir den letzten Theil unserer Reise, welche dem Gebirge im Quellgebiet des Aksu, der Lepsa und des Baskan gelten und in Lepsinsk endigen sollte, ohne Verzug beginnen konnten. Wir kamen also absolut nicht zu Athem und unser energischer Führer wusste ohne Rücksicht auf Strapazen und Anstrengungen seine Leute so konstant in Bewegung zu halten, dass man weder Hunger noch Durst spürte unter dem animirenden Eindruck des ununterbrochen Neuen, was an uns täglich vorüberzog. Leider hatte dieser letzte Theil unserer Reise einen schlechten Anfang genommen. Wie schon in Wjernyj und Dscharkent, so hatte nämlich auch hier in Kopal die Stadt insofern demoralisirend auf unsere Leute gewirkt, als sie getrunken hatten und besonders einer unserer Diener hatte zusammen mit dem Polizeimeister der Stadt während unserer Tour in's Kora-Thal so viel Wodky zu sich genommen, dass er „steif wie ein Besenstiel" vor der Thür unseres Quartiers lag, als wir zurückkehrten. Den nächsten Tag hatte er diese würdige Beschäftigung hinter unserem Rücken fortgesetzt, und als wir am 22. August von Neuem aus Kopal aufbrechen wollten, war der Kerl bereits in einem bedenklichen Stadium des Alkohol-Deliriums. Er redete mit stieren Augen das wüsteste und unsinnigste Zeug, hielt sich nur mit grösster Mühe zu Pferde und fiel schliesslich in einem akuten Stadium des Alkohol-Wahnsinns Welishanin thätlich an, sodass wir von nun an dieses Opfer des Alkohol-Teufels an Händen und Füssen zu unserer Sicherheit binden und zu Fuss mit uns schleppen mussten. Alle Waffen wurden dann in der Nacht sorgfältig bewacht, da der völlig irre Mensch zu allem fähig gewesen wäre. Am nächsten Tage nach dem Schlaf der Nacht war das Schlimmste überstanden, aber die Folge war eine tiefgreifende Schwächung, welche an Körper und Geist den armen Teufel nun den ganzen Rest der Reise plagte. Das ist der Segen des russischen „Wässerchens", des Wodky!

Der Marsch des 23. August führte über weite Hochflächen aus Granit am Nordhang des Dsungarischen Ala-tau ohne grössere Begebenheiten entlang und bis zum Abend in das Thal des Flusses Ak-su. Die Quellgebiete dieses Flusses sind bisher von einer wissenschaftlichen Expedition noch nicht besucht worden und der Name Ak-su (weisser Fluss) wies darauf hin, dass Gletscher im Hintergrund desselben liegen müssten. Um dies zu untersuchen, machte ich mich mit Saposchnikow und zwei Kirgisen am 24. August auf den Weg. Wir wurden reich belohnt! In der That lagen im Hintergrund der Quellen dieses Flusses nicht weniger als 7 theilweise recht ansehnliche Gletscher und vor den Zungen der letzten drei ein wunderbarer grüner, krystallklarer, einsamer See. Ein prächtiges Bild, welchem nur die Belebung durch Vegetation fehlte, dessen Rahmen aber drei ragende, ungemein markant vom azurblauen Himmel sich abhebende Schneezinnen von bedeutender (ca. 4000—4500 m) Höhe darstellten. Mit dem Theodolit vermass Saposchnikow dieses Ak-su-Quellgebiet zur Ergänzung meiner Routenaufnahme, und kehrten wir dann um einen prächtigen Tag in unserer Erinnerung reicher zu den im Lager gebliebenen Unsrigen zurück.

Diese Tour in das Ak-su-Quellgebiet hatte uns zwischen die Hauptkette und die auf der Petermann'schen Karte in Petermann's Mitth. Ergbd. 43 völlig richtig eingezeichnete Schnee bedeckte Abzweigung geführt. Aus dieser Mausefalle mussten wir wieder heraus, um die Nord-Abhänge des Dsungarischen Ala-tau weiter gen Osten bis zum Meridian der Stadt Lepsinsk kennen zu lernen. Dieser interessanten Aufgabe entledigten wir uns in den Tagen vom 25. bis 29. August. Das für mich interessanteste, wenn auch nicht überraschende Ergebnis dieser letzten Reisetage war die Konstatirung einer grossen Verbreitung alter Gletscherablagerungen auch am ganzen Nord-Abhang des Gebirges bis in relativ niedrige Höhenlagen hinab. Die alte Vergletscherung muss hier sehr intensiv gewesen sein und die morphologisch heute sichtbaren Spuren sind von einer Deutlichkeit und Eigenart, wie man sie hier bisher noch nicht beobachtet hatte.

Der ganze nach Norden gerichtete Abfall der Hauptkette war durch reihenweise nebeneinander gelegene alte Gletscherkahre völlig bis in's innerste Mark des Gebirges zerfressen, und vor diesen halbrunden Kahren lagen auf den Abhängen in Form von Rundhügeln und Moränenwällen die alten Glacialbildungen. Die Kahre selber waren noch heute zum Theil von Gletschern, wenn auch nur kleinen erfüllt, und die Flüsse, welche aus ihnen abflossen, hatten Thäler in diese mit Glacialschutt überladenen Gebirgshänge eingesägt von einer geradezu cañonartigen Tiefe und Steilheit. Dicht und prächtig bewaldet traten sie in den wirkungsvollsten landschaftlichen Kontrast zu den öden Hochflächen zu beiden Seiten ihrer tiefen Thalwände.

Für die Gangbarkeit des Gebirges bedeutete freilich diese tiefe Zersägung eine grosse Erschwerung, und es war für Mensch und Thier in diesen drei letzten Reisetagen keine Kleinigkeit, diese endlosen Schluchten und Thalwände hinab- und auf der andern Seite wieder hinaufzusteigen.

Besonders schön waren die tiefen Quellthäler des Sarkan, des Baskan und der Lepsa. Zwischen letzteren beiden hatten wir eine besonders charakteristische und pikante Landschaft in Form einer phantastisch verwitterten Granithochfläche zu passiren. Mein photographischer Apparat kam natürlich unter diesen Umständen nie zur Ruhe, und ich hatte nur zu bedauern, dass trotz der in Dscharkent aus Taschkent erhaltenen Platten und trotz des Zerschneidens einer Anzahl von Saposchnikow's grossen Platten in Lepsinsk, mein Vorrath an Plattenmaterial zu gering war, um alles zu photographiren, was des Aufnehmens werth gewesen wäre. Ausser den 150 Films aus Transkaspien werde ich trotzdem nicht weniger als 35 Dutzend Platten mit nach Hause bringen.

Der letzte Reisetag im eigentlichen Gebirge (28.—29. August) wurde im landschaftlich selten schönen Lepsa-Thal zugebracht, oberhalb eines prächtigen grünen Thalstausees (Dschassyl-kul), welcher in gewaltigen schäumenden Kaskaden seinen Abfluss nach Norden im Thal der Lepsa fand. Dann sagten wir trauernd dem herrlichen Hochgebirge Valet, um einzutreten in den öden Steppen- und Wüstengürtel, welcher den Dsungarischen Ala-tau gleich dem eigentlichen Tiën-schan umgiebt und welcher durch seine landschaftlich so abschreckende Oede zwar einen höchst wirkungsvollen Gegensatz zur alpinen Hochgebirgswelt bildet, aber auch für alle Zeiten verhindern wird, dass die Schönheiten des Gebirges anderen Sterblichen, als den wenigen wissenschaftlichen Reisenden, welche den Muth und die Ausdauer haben, diesen Gürtel zu überwinden, zu Gesichte kommen. Mit der Ankunft am Dschassyl-kul endigte meine Routen-Aufnahme, welche ich demnach auch hier im Dsungarischen Ala-tau bis zuletzt habe durchführen können.

Am 29. August 1½ Uhr p. m. waren wir in Lepsinsk; noch selbigen Tages fuhren Popow, Welishanin und Knjasew per Post mit unserem grossen Gepäck und zusammen mit dem Präparator Nikolai heimwärts.

Dort in der niedrigen rumpeligen Poststube drückten sich fünf Männer mit feuchtem Auge an diesem Nachmittag zum Abschied die Hand, fünf Männer, welche Freud' und Leid dieser seltenen Reise mit einander ehrlich getheilt hatten. Und unter diesen fünf

Männern war ich ein Deutscher, den keiner von den anderen vorher gesehen oder gekannt hatte und der sich doch, wie ich denke, als ein „guter Kamerad" ein Plätzchen im Andenken dieser vier Russen erworben hat. Die Worte, die dort beide Parteien einander zum Abschied sagten, waren, soweit es wenigstens mich betraf, tief und ehrlich empfunden, vor allen Dingen soweit sie an meinen Freund Saposchnikow gerichtet waren, welcher sich meine aufrichtige Verehrung vom ersten bis zum letzten Augenblick zu erhalten verstanden hatte.

Saposchnikow und ich waren also nunmehr der Rest unserer einst an Köpfen so zahlreichen Expedition. Für uns beide aber war die Arbeit noch nicht zu Ende, denn Saposchnikow war der Auftrag von der Universität Tomsk ertheilt worden, in der Nähe des Ortes Kokpekty (nordöstlich von Sergiopol, cf. Stieler, Hand-Atlas 9. Aufl. Bl. 57) einen Mammuth-Fundpunkt zu besichtigen, von dem ein Kosack, Alexejew, dem Senat der Universität geschrieben hatte. Und zwar sollte das Mammuth dort zusammen mit dem Skelett eines grossen Menschen liegen! Das war wissenschaftlich eventuell von höchstem Interesse und konnte vielleicht die Gleichzeitigkeit des Menschen mit dem Mammuth, eine bisher viel umstrittene Annahme, thatsächlich beweisen. Ich schloss mich natürlich Saposchnikow an, da die ganze Angelegenheit mich höchlichst interessirte. Aber wie dorthin kommen in diesen entlegenen Winkel! Auf dem Posttrakt zurück bis Sarkan und dann direkt weiter nach Sergiopol war ein Umweg und zudem langweilig. Es schien uns interessanter, direkt nach Norden zwischen Sassyk-kul und Ala-kul bis zur aus China hereinführenden Poststrasse zu gehen und dann auf dieser zunächst weiter zu fahren bis Sergiopol.

Da dieser Weg durch die Seenzone aber kein Postweg ist, sondern nur ein sogen. Semskij-Trakt, d. h. Beamtenweg, so war es nur durch Saposchnikow's hohen Beamtenrang in diesem wie in zahlreichen anderen Fällen möglich, die nöthigen Wagen und Pferde zu erhalten und auf dem oben gekennzeichneten Wege vorzudringen. Ein Privatmann und gar nun ein Ausländer würde sicher hier keinen Schritt vorwärts gekommen sein, oder er hätte ganz unverhältnissmässig zahlen müssen.

Am Morgen des 31. August war alles vorbereitet und wir konnten mit ganz leichtem Gepäck zunächst in einem Tarantass, dann in einer offenen engen Pletuschka von Lepsinsk aus gen Norden fahren. Die Gegend wurde im Laufe dieses Tages immer öder und einförmiger. Die letzten Ausläufer des Dsungarischen

Ala-tau blieben am Nachmittag hinter uns und am Abend lag wie ein unendliches Meer mit abwechslungsloser gerader Horizontlinie die Steppe vor uns, ohne Grün, nur mit gelbem verbranntem und vertrocknetem Gras bekleidet, mit keinem Hälmchen daran erinnernd, wie blumenreich und duftend sie im Frühling sein kann. Und über diesen endlosen Weiten ging die Sonne unter in einer Gluth und Farbenpracht, wie sie eben nur das Meer oder die Steppe kennt, und wie sie am Abend den müden Reisenden wenigstens in etwas entschädigt für die Trostlosigkeit des Tages-Marsches.

Bereits in dunkler Nacht überschritten wir den Tentek, einen echten Steppenfluss, der sich in nicht weniger als 15 wasserreichen und starkströmenden Armen quer vor unseren Weg legte und nur durchfurtet werden konnte unter Führung völlig Ortskundiger, welche zu Pferde aus dem nahen Dorfe Utsch-aral uns dort erwarteten.

In Utsch-aral übernachteten wir in der Poststation, aus Furcht vor Ungeziefer, wie immer in solchen Fällen, auf unseren eigenen Decken und Pelzen platt auf dem Boden und zogen am nächsten Morgen (1. September) um 5 Uhr weiter, nunmehr aus der Steppe in eine völlige Wüste übergehend, in welcher für die nächsten zwei Tage bis Urdshar keine russische Siedelung oder Kirgisen-Jurte zu erwarten war.

Anfangs nahe dem völlig flachen und salzigen Steppensee des Ala-kul bedeckten noch weite Schilfniederungen die Gegend, dann aber schwand der Pflanzenwuchs immer mehr. Gefallene und verweste Thierleichen und Skelette am Wege vervollkommneten den Eindruck der Wüste. In dieser trostlosen Einöde übernachteten wir unter dem Pelz und unter freiem Himmel, neben uns die geladenen Gewehre und Pistolen. Die Nacht war kühl, aber der nächste Tag noch heisser als die vorhergehenden und wohl einer der heissesten der ganzen Reise: 34° C im Schatten um Mittag! Der Staub der ausgedörrten Steppe ging dazu konstant mit unserem Wagen, da der Wind aus unserem Rücken wehte. Es war ein eigenartiger Genuss, der nur unterbrochen wurde durch ein mehr oder minder angenehmes Intermezzo mit unseren Wagenpferden. Und dieses Intermezzo war das Folgende: Wir selber fuhren auf dieser Strecke in einer engen kleinen Pletuschka, während unser Gepäck auf einer offenen Telega uns nachgeführt wurde. Plötzlich riss der eine Strang des linken Handpferdes und unglücklicher Weise so, dass sich das Thier mit den Hinterbeinen darin verwickelte. Als unser Kutscher es befreien wollte, scheute das Thier, schlug nach hinten heftig aus und begann durchzugehen. Wie ein Donnerwetter sprangen Saposchnikow und ich, der eine nach rechts, der andere nach links aus dem Wagen und eilten unserem Kutscher zu Hülfe. Es gelang das Thier zu beruhigen und auszuspannen. Da plötzlich, ich weiss selber nicht auf welche Weise, tritt auch das unter der Dugá (Krummholz) gehende, bisher ruhige zweite Pferd über die Deichsel und wird a tempo wie verrückt, schlägt nach hinten gegen Räder und Wagen aus, ist unmöglich zu bändigen und geht mit dem Wagen durch. Zum Glück wird seine wahnwitzige Jagd bald gehemmt, da die eine Deichsel dem Thier zwischen den Hinterbeinen steckt. Der Kutscher vermag daher das Gefährt zu erreichen und anzuhalten. Es gelingt das wilde Thier aus der engen Dugá-Spannung zu befreien und anscheinend zu besänftigen; aber nur anscheinend, denn sowie wir gemeinsam den Versuch machen, das Thier wieder einzuspannen, beginnt der Scherz von Neuem. Als ob der Satan selber in das Pferd gefahren, schlug es nach hinten und vorne aus und schliesslich unserem Kutscher so unglücklich vor die Brust, dass er zusammenbrach und das wilde Thier losliess. Da sassen wir nun mit unserer Weisheit. Ein Reitpferd um das Pferd zu fangen, hatten wir nicht; dazu bemühte sich Saposchnikow um den stöhnenden Kutscher, und ich hatte das zuerst scheu gewordene linke Handpferd am Zügel. Aber wie immer, wenn die Noth am grössten, ist die Hülfe am nächsten. Zwei Kirgisen, welche des Weges kamen, hatten unsere verzweifelte Situation bemerkt und ihnen gelang es, das durchgebrannte Pferd wieder einzufangen. Die Pferde hatten wir nun glücklich wieder, aber einspannen war einfach unmöglich. Das Hintenausschlagen begann sofort wieder, sobald das Thier auch nur die Nähe der Deichsel spürte. Wir konnten nichts anderes machen, als die beiden Pferde unserer von einem vielleicht 12jährigen Jungen gelenkten Telega ausspannen und das eine derselben in die Dugá unserer Pletuschka einspannen. Die beiden wilden, im Laufe der Affaire übrigens überall blutig geschundenen Pferde mussten uneingespannt bleiben und am Wagen angebunden werden. Das alles spielte sich bei 34 °C Schatten-Temperatur in vollständiger Wüste und Einsamkeit ab und hätte entschieden zu einer höchst unbequemen Situation führen können, da man ohne Pferd und Wagen mit dem zahlreichen Gepäck hier nicht hätte vorwärtskommen können.

Mit dem einen Zugpferd vor jedem Wagen ging natürlich zunächst die Reise langsamer als bisher; wir gelangten erst ziemlich spät am Nachmittag des 2. September auf die Postroute bei Urdshar und dann auf dieser in der üblichen Reiseart per Tarantass am 4. September nach dem wahrhaft elenden Nest Sergiopol.

Hier in Sergiopol in der Poststation traf ich zu meiner Ueberraschung schon wieder eine deutsche wissenschaftliche Expedition, bestehend aus den Herren Prof. Grünwedel, Dr. Huth (Privatdocent in Berlin) und einem dritten mir unbekannten Herrn, welche nach Kuldscha und weiter nach Turfan zu archäologischen Zwecken reisten. Quel embarras de richesse!

In Sergiopol galt es von Neuem nachzusinnen, wie wir weiter zu unserem Mammuth auf direktestem Wege vordringen könnten. Und auch hier half uns die Cocarde an der Saposchnikow'schen Mütze! Wir mietheten eine offene Telega (ein Tarantass war nicht aufzutreiben) mit drei Pferden, verstauten unser Gepäck auf derselben und uns mitten dazwischen und fuhren wiederum auf dem direkten Semskij-Trakt am Nachmittag des 4. September von Sergiopol in nordöstlicher Richtung nach Kokpekty. War die Fahrt durch die Ala-kul-Seenzone bereits die reinste Wüstenreise gewesen, so war es die Fahrt nach Kokpekty erst recht. Anfangs begegnete man noch hin und wieder Kirgisen, welche an fliessendem Wasser ihre Jurten aufgeschlagen hatten; dann aber blieb das fliessende Wasser aus und mit ihm erstarb Menschen-, Thier- und Pflanzenleben. Am 6. September hatten wir Noth, überhaupt Wasser zu finden, und was wir fanden war sumpfig und salzig und konnte nur durch Aufkochen unschädlich gemacht werden. Auch Feuer anzufachen, war in dieser völlig holzarmen Wüstensteppe schwer, und mussten wir bereits auf dem Wege jedes Stückchen Holz und vor Allem jedes Stück trockenen Kuh- oder Pferdemist aufsammeln um am Mittag resp. Abend einen warmen Tschai kochen zu können. Die zwei Nächte in dieser Wüste (5. und 6. September) brachten wir unter dem Schutz unserer Decken und Pelze wieder ohne Zelt im Freien zu und niemals schlief ich besser und freier als in diesen Nächten.

Endlich am Abend des 6. September kamen wir in die Nähe von Kokpekty, denn wir überschritten einen grösseren Fluss, der nach der russischen 1:40 Werst-Karte nur der Kokpekty-Fluss war und von wo das Dorf nur noch eine gute halbe Stunde entfernt sein konnte. Aber die Karte war leider falsch! Wir fuhren und fuhren, es wurde dunkler und dunkler und kein Kokpekty war zu sehen. Die Pferde verloren jeden Augenblick den Weg und es blieb nichts übrig, als den Weg mit der Laterne zu suchen. Ich ging also dem Wagen ca. 10 Werst lang mit der Laterne voraus, bis wir in der Ferne endlich Hundegebell hörten und das Dorf bald darauf erreichten. Im sogen. Semskij-Quartier (Beamtenquartier) klopften wir die schlafenden Hausleute heraus und legten uns erst spät in der Nacht nach

Abpacken des Gepäckes etc. zur Ruhe, erwartungsvoll auf den nächsten Morgen harrend, wo uns der Kosack das ominöse Mammuth zeigen sollte. Ich träumte schon von der Photographie, die ich von diesem Eiszeitmenschen in den Armen eines Mammuth machen wollte. Aber welche Enttäuschung brachte der nächste Morgen (7. September). Der Kosack kam und brachte ein ganz elendes zerschlagenes Schenkelknochenstück eines Mammuth. „Und wo liegt das übrige Skelett?" „Skelett? Skelett? wie so? Ausser diesem Knochen hat man noch einen anderen Knochen gefunden, den haben aber die Arbeiter bei der Wegearbeit zertrümmert," war die verblüffende Antwort. „Vielleicht, wenn man gräbt, findet man mehr," fügte der naive Kerl hinzu. „Und wo liegt der grosse Mensch?" „7 Werst von hier unweit der Poststrasse; die Mammuthknochen aber habe ich 18 Werst von hier gefunden." Gospodi pomilu! Wir sanken auf den nächsten Stuhl und fühlten uns grässlich hereingefallen. So hatte es natürlich absolut keinen Zweck, diesen Dingen weiter nachzuspüren, um im besten Falle ein Menschenskelett auszugraben, was vielleicht vor wenigen Jahren noch als Kirgise in der Welt herumgelaufen war und Kumys getrunken hatte. Wir liessen den naiven Kosacken unsere ganze Verachtung fühlen und ihn, der bereits von Gott weiss welchen Belohnungen für seinen bedeutungsvollen Fund geträumt hatte, merken, dass er im Wiederholungsfall etwas vorsichtiger in der Mittheilung seiner welterschütternden Funde zu sein habe und nicht dem Senat einer russischen Universität von einem Mammuth- zusammen mit einem Menschen-Skelett zu schreiben habe, wenn das eine corpus delicti am Punkte X in 7 Werst und das andere am Punkte Y in 18 Werst sich befinde. Mit einem moralischen Fusstritt verabschiedeten wir uns schleunigst von diesem Liebhaber-Geologen und machten noch am selben Tage, dass wir auf kürzestem Wege am Flusse Tschar-urban entlang wiederum auf Beamten-Trakt nach Semipalatinsk kamen.

Auf dieser Route fuhren wir in der schon häufig geschilderten, wenig erquicklichen Weise von morgens bis abends im köstlichen Wechsel, bald in einer engen Pletuschka, bald auf einer offenen Telega, bald in einem rumpelnden Tarantass. „Wie's trefft," bald so, bald so!" Auch hier ist die Gegend trostlos, einförmig, menschenleer und auf die Dauer tötend langweilig. Am Morgen des 9. September endlich erschienen die weissen Thürme von Semipalatinsk am Horizont der endlosen west-sibirischen Ebene, in deren Bereich wir nunmehr definitiv eingetreten waren. Gleichzeitig aber begann für uns hier in Semipalatinsk wieder ein menschenwürdigeres Kulturleben und vor Allem eine etwas weniger Körper und Geist zerrüttelnde Reisemethode, als bisher, indem auf dem Irtysch ein Dampfer uns erwartete. Und zwar traf es sich sehr günstig, dass dieser Dampfer noch am Abend des Tages unserer Ankunft in Semipalatinsk (9. September) abfuhr.

Es blieb nur soviel Zeit, um die Stadt zu besichtigen, sich in einer russischen Badestube nach bekannter Methode des Abbrühungssystems mit heissem Wasser und Dampf von dem unglaublichen Staub und Schmutz der letzten Tage zu reinigen, bei einem Bekannten Saposchnikow's zu essen, Briefe abzuholen und dann an Bord zu gehen. Hier in Semipalatinsk gelang es mir glücklicher Weise auch, zu einem ganz annehmbaren Preise, Sattel, Zelt und Feldbett zu verkaufen und dadurch bereits mein Gepäck um ein Bedeutendes zu erleichtern. Diesen Handel mit alten Sachen, habe ich dann in den letzten zwei Tagen vortheilhaft fortsetzen können. Ich lernte nämlich hier einen deutschen Ingenieur aus St. Petersburg an Bord des Dampfers kennen, welcher soeben aus den Goldgebieten der Jenissei-Taiga kam und die bekannte Firma Arthur Koppel vertrat. Dieser bat mich vom Himmel bis zur Erde um meinen Pelz, Khaki-Anzug und 2 Touristenhemden, da er, immer auf der Reise, keine Gelegenheit habe, derartige praktische Stücke in Sibirien zu erstehen. Ich sah nicht ein, warum ich die günstige Gelegenheit mein Gepäck weiterhin zu erleichtern, nicht benutzen und gleichzeitig verhindern sollte, dass diese Dinge zu Hause unbenutzt von den Motten gefressen würden.

Seit dem Morgen des 10. September bis heute zum Abend des 12. September schwimme ich nun auf dem Irtysch stromabwärts nach Omsk und habe die Zeit ausser mit gutem Essen und Trinken mit Abfassen dieser Zeilen trefflich ausgefüllt. Die Ufer dieses Flusses sind unglaublich einförmig und niedrig, ohne jeden Reiz und ohne jedes Interesse, ein Tiefland-Steppenfluss κατ' ἐξοχήν, aber selbst ohne den Gegensatz von Steil- und Flachufer und ohne jede Vegetation, Dinge, welche doch im europäischen Russland etwas Reizvolles in das Bild bringen. Auch die Orte an denen der Dampfer hält, sind ausser Pawlodar, einer etwas grösseren Stadt, nur elende Nester aus hölzernen Blockhäusern und weiss getünchten Kuppelkirchen.

Heute Abend um 11 Uhr soll der Dampfer in Omsk sein und um 2 Uhr nachts bereits werden wir nach Tomsk weiterfahren. In Tomsk werde ich nur so lange wie nöthig bleiben und dann mit dem sibirischen Express geraden Wegs über Moskau, Warschau, Berlin heimwärts fahren.

FSC
www.fsc.org
MIX
Papier | Fördert gute Waldnutzung
FSC® C083411

Zeitfracht Medien GmbH
Ferdinand-Jühlke-Straße 7
99095 Erfurt, Deutschland
produktsicherheit@kolibri360.de